Lieutenant DE LA GIRARDIÈRE

Du 63ᵉ Régiment d'Infanterie

Évolution du feu de l'infanterie

DU XVIIᵉ SIÈCLE A NOS JOURS

Enseignements, Conséquences

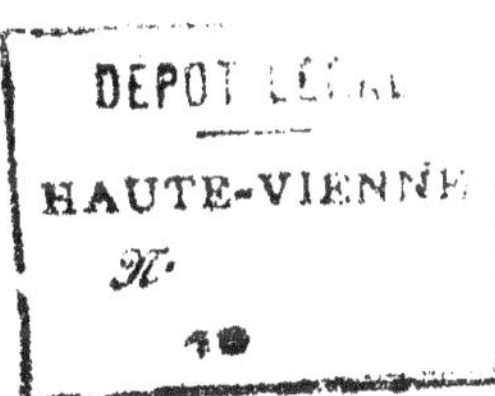

PARIS
Henri CHARLES-LAVAUZELLE
Éditeur militaire
10, Rue Danton, Boulevard Saint-Germain, 118

(MÊME MAISON A LIMOGES)

Guerre franco-allemande de 1870-71, par le commandant Ch. Romagny, ancien professeur de tactique et d'histoire à l'École militaire d'infanterie. — Gr. in-8º de 392 pages, avec un atlas de 30 cartes-croquis.... **7 50**

La guerre franco-allemande de 1870-1871. Histoire politique, diplomatique et militaire, par A. Wachter (édition remaniée et augmentée).

Tome I. — *De la déclaration de guerre à la chute de l'Empire.* — Fort vol. grand in-8º de 460 pages................................. **5 »**

Tome II — *De la chute de l'Empire à l'armistice du 28 janvier 1871.* — Fort vol. grand in-8º de 492 pages................................. **5 »**

Atlas contenant 10 cartes grand format, en couleurs, des théâtres d'opérations................................. **5 »**

Correspondance militaire du maréchal de Moltke. Guerre de 1870-1871 *(seule traduction française autorisée.)*

1er Volume. — **La guerre jusqu'à la bataille de Sedan.** — Grand in-8º de xx + 352 p., 3 croquis, 1 carte en noir et 1 fac-simile hors texte. **12 »**

2e Volume. — **Du 3 septembre 1870 au 27 janvier 1871.** — Grand in-8º de xxvii + 348 pages. .... **10 »**

3e Volume. — **L'armistice et la paix.** Grand in-8º de xxii + 316 p. **10 »**

4e Volume. — **Guerre de 1864.** Grand in-8º de xiv + 340 pages.... **10 »**

5e Volume. — **Guerre de 1866.** Grand in-8º de xxviii + 530 pages. **16 »**

Sans armée (1870-1871), *souvenirs d'un capitaine,* par le commandant Kanappe. — Volume in-8º de 336 pages................... **3 50**

Les vaillantes chevauchées de la cavalerie française pendant la guerre franco-allemande de 1870-1871, par Louis Yvert. Ouvrage précédé d'une lettre autographe de M. le général de Galliffet. — Volume in-8º de 224 pages................................. **3 »**

La brigade Bellecourt à l'armée du Rhin (Des attaques en masse au ravin de la Cuve, à Vernéville, à Servigny), par le colonel de Courson de la Villeneuve, commandant le 13e d'infanterie. — Volume in-8º de 140 pages, avec 4 cartes................................. **3 50**

Guerre de 1870-1871. — **Le combat de Peltre-sous-Metz** (27 septembre 1870), par un officier de l'armée du Rhin. — Brochure in-8º de 34 pages, avec 1 carte hors texte................................. **1 50**

L'armée de Metz, 1870, par le colonel Thomas. — Volume in-8º de 252 pages orné d'un portrait et de deux cartes, broché................. **3 »**

Les combats autour de Metz en 1870 pendant le blocus et leurs enseignements tactiques, par le major Waldor de Heusch, ancien professeur d'art et d'histoire militaires à l'École militaire de Bruxelles. (Extrait de la *Revue de l'Armée Belge*). — In-18 de 96 pages, 3 croq. h. texte...... **2 50**

Le 4e corps de l'armée de Metz (19 juillet-27 octobre 1870), par le lieutenant-colonel breveté Rousset, professeur de tactique appliquée à l'École supérieure de guerre. — Vol. grand in-8º de 384 pages, avec un portrait en héliogravure du général de Ladmirault et cinq cartes h. texte...... **7 50**

La défense nationale dans le Nord, en 1870-71, *Recueil méthodique de documents,* par Camille Lévi, chef de bataillon breveté. — Vol. in-8º de 706 pages, avec un croquis dans le texte et deux grandes cartes hors texte................................. **7 50**

La France et l'Allemagne devant le droit international pendant les opérations militaires de la guerre de 1870-71, par le lieutenant Amédée Brenet, des chasseurs alpins, docteur en droit, avec une préface du capitaine Danrit. — Volume in-8º de 308 pages................. **7 »**

Souvenirs personnels de Verdy du Vernois, au grand quartier général 1870-71, par Soubise. — Volume in-8º de 304 pages............. **5 »**

L'ÉVOLUTION DU FEU DE L'INFANTERIE

du XVIIᵉ siècle à nos jours

Lieutenant DE LA GIRARDIÈRE

Du 63ᵉ Régiment d'Infanterie

Évolution du feu de l'infanterie

DU XVIIᵉ SIÈCLE A NOS JOURS

Enseignements, Conséquences

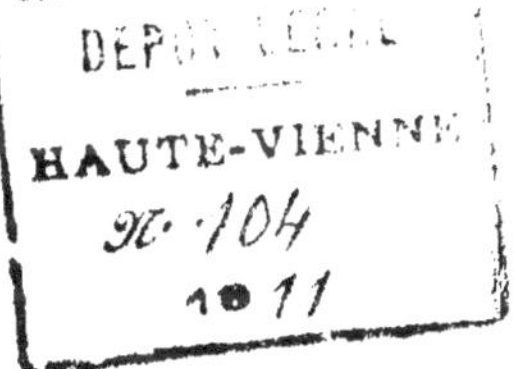

PARIS

Henri CHARLES-LAVAUZELLE

Éditeur militaire

10, Rue Danton, Boulevard Saint-Germain, 118

(MÊME MAISON A LIMOGES)

AVANT - PROPOS

Cette étude est divisée en deux parties :

La première est un aperçu de l'*évolution* du feu de l'infanterie depuis sa naissance jusqu'à nos jours.

La seconde envisage les *enseignements* et les *conséquences* qui se dégagent aujourd'hui de cette évolution au double point de vue de la tactique et du tir.

Dans la première partie, nous n'avons étudié que très succinctement, en nous bornant pour ainsi dire à leur simple énumération, les conséquences résultant des progrès du feu jusqu'à l'apparition de la poudre sans fumée.

Les ouvrages émanant d'autorités compétentes abondent sur ce sujet.

Nous avons, au contraire, dans la deuxième partie, essayé de faire ressortir d'une façon plus détaillée, en nous basant sur les enseignements de la **guerre** sud-africaine de 1899-1900, et surtout sur ceux de la récente campagne de Mandchourie, les conséquences résultant tant au point de vue de la tactique que du tir de la puissance nouvelle du feu de l'infanterie utilisant une arme de petit calibre à tir rapide et donnant la mort « invisible ».

PREMIÈRE PARTIE

Evolution du feu de l'infanterie depuis l'apparition
de la première arme à feu portative jusqu'à nos jours.

TITRE Ier

Depuis l'apparition de la première arme à feu portative
jusqu'en 1866.

CHAPITRE PREMIER

DEPUIS L'APPARITION
DE LA PREMIÈRE ARME A FEU PORTATIVE JUSQU'EN 1703

ARTICLE PREMIER.

Armes de jet ayant précédé l'arme à feu portative :
fronde, javelot, arc. — Invention de la poudre ; bombarde,
canon à main, couleuvrine à main, arquebuse à mèche.

Avant d'en arriver au tir des armes à feu, il peut
être intéressant de jeter un coup d'œil très rapide sur
les armes employées par l'homme, dès l'origine,
comme moyen d'attaque ou de défense.

Du caillou et du bâton sont nés la fronde, qui
rappelle la fin tragique de Goliath, et le javelot qu'on
lançait à la main.

Quant à l'arc, nous savons quelle force l'armée
anglaise a su tirer de son emploi pendant la guerre

de Cent ans, et le rôle considérable joué dans nos défaites de Crécy et de Poitiers par les archers anglais.

Puis, avec l'invention de la poudre, apparaissent, sans oublier les bombardes, les canons à main et les couleuvrines à main, sortes de gros fusils primitifs sans portée ni justesse, et faisant en réalité plus de bruit que de besogne. Toutefois, c'est avec ces couleuvrines que les Suisses ont vaincu, à Granson et à Morat, les bandes de Charles le Téméraire.

En France, nous fûmes longtemps réfractaires à ces inventions nouvelles, pour donner la préférence aux grands coups d'épée et aux charges héroïques, tellement on avait de répugnance pour une arme considérée comme une véritable invention diabolique, tuant de loin et empêchant le corps-à-corps.

Les Anglais avaient compris, dès le début, que l'avenir pourrait appartenir aux armes à feu et ils s'en servirent victorieusement contre nous. Cette leçon nous ouvrit les yeux.

Du reste, l'Espagne venait d'inventer l'arquebuse au commencement du xvi⁰ siècle et, en 1530, une partie de l'armée française possédait l'arquebuse à mèche.

Article II.

Armes à feu portatives. — Apparition du fusil en 1630 ; fusil à pierre, mousquet.

Enfin, avec le xvii⁰ siècle, nous assistons, en 1630, à l'apparition du fusil (1).

Le fusil à pierre était un grand progrès ; d'une fabrication et d'un fonctionnement plus faciles que l'arquebuse à mèche, il semblait qu'il allait être adopté

---

(1) Du mot italien *fucile*, qui veut dire briquet.

immédiatement. Condé ne venait-il pas d'anéantir par le feu, à Rocroy (1642), la vieille infanterie espagnole ! Il n'en fut rien, et, en 1653, une ordonnance de Louis XIV défendait de s'en servir ; l'esprit de défiance contre les armes à feu se faisait encore sentir.

A cette époque, Vauban imaginait le mousquet, arme tenant le milieu entre le fusil et l'arquebuse : cette demi-mesure ayant eu la préférence, les troupes d'infanterie, pendant les campagnes de Turenne, comptèrent un quart de piquiers et trois-quarts de mousquetaires. Ces derniers étaient toujours de jeunes soldats, les piquiers étaient, au contraire, choisis parmi les anciens soldats.

Cette preuve de défaveur dont jouissaient encore à cette époque les armes à feu est intéressante à signaler. Il est vrai qu'en raison de leur mauvaise fabrication elles éclataient souvent et de nombreux ratés se produisaient.

Cependant, la conséquence de ce progrès de l'arme portative, si minime qu'il soit, amena la diminution du nombre des rangs, qui fut fixé à dix (1). Cette réduction de la profondeur entraînant l'extension du front, l'infanterie devint plus mobile et plus manœuvrière, toutes proportions gardées.

CHAPITRE II

DE 1703 JUSQU'A LA RÉVOLUTION

Article Premier.

Ordonnance de 1703 en France. — Fusil à pierre avec baïonnette à douille. — Extension du front de combat. — Mépris du feu en France au XVIII° siècle.

Il fallut pourtant ne pas rester en arrière et l'exemple de l'étranger provoqua, en 1703, une ordonnance

---

(1) Puis, quelques années après, à six.

de Louis XIV qui dotait entièrement l'infanterie française du fusil à pierre avec baïonnette à douille.

C'était un mousquet perfectionné, plus léger que le précédent et dans lequel le feu était mis automatiquement à la charge de poudre ; une platine à silex remplaçait la platine à mèche.

L'apparition de la nouvelle arme, douée d'un peu plus de justesse et se prêtant à une plus grande rapidité du tir, provoqua l'extension du front de la troupe au combat et les rangs furent réduits de six à quatre. On ne peut négliger de tenir compte de cette légère transformation dans la tactique de l'infanterie résultant de l'adoption du fusil à pierre.

Mais au lieu d'exécuter des feux à commandement, les seuls qui auraient été véritablement efficaces avec les armes peu justes de l'époque, on ne continuait à pratiquer que les feux par rangs successifs et les feux de files ; les uns et les autres étaient bien insuffisants.

Cette date est à retenir dans l'histoire du fusil et du feu de l'infanterie en France, car toutes les guerres du xviii⁰ siècle et celles du commencement du xix⁰ furent faites avec cette arme, qui subit successivement de nombreuses modifications, tout en conservant le même principe.

En un mot, c'est l'inauguration d'une période qui durera plus d'un siècle.

Il était légitime de supposer qu'à la suite de cette ordonnance de 1703, le feu allait prendre en France un commencement d'importance. Il n'en fut rien.

Les doctrines du chevalier de Folard étaient prépondérantes et la plupart des officiers, épousant ses principes, rejetaient le feu pour réduire le combat à une charge à la baïonnette.

Se préoccuper d'essuyer la première le feu de l'ennemi, se rapprocher de l'adversaire le plus vite possible, lui lâcher sa décharge à bout portant et le joindre à la baïonnette : telle devait être la manœuvre idéale d'une troupe bien dressée.

Folard, dans ses lettres à Voysin, pendant la guerre de succession d'Espagne, aussi bien que dans son *Histoire de Polybe*, parue en 1728, n'hésite pas à attribuer nos défaites au temps perdu « à tirailler ». Maurice de Saxe, dans ses *Rêveries*, écrites en 1732, partage les mêmes idées que Folard, son ami, et s'élève contre « la tirerie » ; il l'appelle « le comble de la misère ».

A la même époque, le duc d'Antin, dans un mémoire sur la guerre, définit ainsi le rôle de l'infanterie au combat : « Il faut, pour bien faire, marcher à l'ennemi, les armes présentées, sans tirer. » Enfin, pour épuiser ce sujet particulier, reproduisons l'opinion qu'avait sur ce point le maréchal de Belle-Isle. Il l'exprime en ces termes dans une lettre au comte d'Argenson, datée du 21 février 1750 : « La principale force de notre infanterie a consisté jusqu'à présent dans l'arme blanche. Notre usage était de ne point tirer, d'essuyer le feu de l'ennemi que nous regardions comme vaincu dès que nous le pouvions joindre (1). »

Il en résultait une sorte de mépris injustifié à l'égard du feu, mépris que notre infanterie a cruellement expié à Dettingen.

Le fantassin était à peine exercé en temps de paix aux mouvements de la charge et à l'exécution des feux.

---

(1) *Revue d'Histoire*, rédigée à l'état-major de l'armée.

Article II.

A la même époque, le feu était le principal mode d'action de l'infanterie prussienne, avec Frédéric le Grand.

On finit par s'apercevoir en haut lieu de cette funeste lacune, d'autant mieux qu'à cette époque Frédéric le Grand, le fondateur de la puissance militaire de la Prusse, établissait sa réputation avec le feu de ses fantassins autant qu'avec ses manœuvres.

Le feu était le principal mode d'action, au combat, de l'infanterie prussienne dont l'armement était supérieur à celui des autres armées européennes.

Son fusil s'amorçait de lui-même, grâce à sa lumière tronconique. L'adoption de la baguette cylindrique en fer permettait de charger l'arme sans retourner la baguette, augmentait la rapidité du chargement et, par suite, celle du tir. Aussi, l'infanterie prussienne arrivait-elle à tirer cinq ou six coups à la minute, quand la vitesse du tir en France ne dépassait pas trois coups dans le même laps de temps.

Au combat, les bataillons qui se portaient en avant en lignes déployées s'arrêtaient à cent ou cent cinquante pas de l'ennemi et exécutaient des salves sur trois rangs, le premier rang à genou. Ordinairement, à la suite de ces feux aussi intenses que meurtriers, l'ennemi, rompu, prenait la fuite. En l'espèce, pour fixer les idées sur l'intensité de ces feux, notons qu'un bataillon de 600 hommes, formé sur trois rangs, fournissait quatre salves à la minute, c'est-à-dire 2.400 balles environ.

On ne peut nier l'importance d'un pareil résultat.

D'ailleurs, l'Europe entière avait les yeux fixés sur les manœuvres de Frédéric II, au camp de Postdam.

Article III.

**Conclusions relatives à l'emploi du feu au XVIIIe siècle.
Conséquences tactiques en Prusse et en France.**

Cependant, à la suite de leur victoire sur les Autrichiens à Molvitz (1741), les Prussiens exagérèrent la valeur de leur feu en posant comme principe que « le feu était l'unique mode d'action de l'infanterie ». De cette conception est sorti « l'ordre mince » qui permet de donner au feu son maximum de rendement. Basée sur l'emploi exclusif des feux et sur la rigidité des formations, conséquence inévitable de l'ordre mince, cette tactique, bonne à la rigueur pour la défensive, ne pouvait convenir à l'offensive.

Cette idée exagérée de la toute-puissance du feu, nous la verrons se reproduire à maintes reprises jusqu'à nos jours ; nous serons à même de nous rendre compte des conséquences funestes de sa mise en pratique.

En France, nous donnions la préférence à l'ordre profond, au choc.

Prétendant, et à juste titre, utiliser nos qualités natives dont la manifestation la plus évidente était notre tendance à courir à l'ennemi, il semblait naturel de considérer le feu comme gênant, puisqu'il retardait pour notre ardeur le moment de se déployer. De là à justifier ces principes favoris en dédaignant le feu sous prétexte que notre infanterie tirait mal, il n'y avait qu'un pas.

Ainsi, au xviiie siècle, nous assistons en France et en Prusse à l'application de deux systèmes conplètement opposés.

CHAPITRE III

DE LA RÉVOLUTION JUSQU'EN 1866

ARTICLE PREMIER.

Nouveaux fusils à pierre modèles 1777 et 1802. — Le feu de l'infanterie pendant les guerres de l'Empire. — Formations tactiques découlant de son emploi.

Nous avons fait prévoir les modifications que devait subir le fusil 1703, dont le principe général était destiné à avoir une longue durée.

En 1777 et en 1802, apparaissent deux nouvelles armes peu différentes l'une de l'autre. Cependant, un léger accroissement de justesse et de portée dû à une meilleure utilisation de la charge accompagna l'adoption du fusil modèle 1802. C'était toujours un fusil à pierre avec baïonnette à douille, mais il était muni d'une baguette en fer. Nous avons vu avec le modèle prussien l'avantage que la rapidité du tir retirait de l'emploi de cette baguette. Très meurtrier jusqu'à 250 mètres, d'une portée extrême de 600 mètres, le nouvel engin manquait cependant de précision à tel point qu'à 300 mètres « on manquait une maison ». Le nombre des ratés était toujours considérable (1), et, par les temps de pluie, la troupe pouvait se trouver désarmée, comme il arriva en 1813 et 1814.

Cette arme fut celle de l'infanterie pendant toutes les guerres de l'Empire. Voyons succinctement comment elle s'en servit.

Formée sur trois rangs, elle exécutait des feux d'en-

---

(1) Un sur six ou sept coups tirés.

semble par compagnie, par demi-bataillon, voire même par bataillon, soit par le premier et le second rang alternativement, soit par les deux premiers rangs à la fois. Le troisième rang ne devait pas tirer et chargeait les armes des deux autres.

Le moment venu où l'adversaire était suffisamment ébranlé par le feu nourri des bataillons de première ligne exécuté à bonne portée (150 pas au maximum), la troupe de choc, comme une massue, portait le coup décisif. En un mot, l'usure par le feu, qui n'était tout à fait qu'un prélude, précédait ou devait précéder l'attaque à la baïonnette qui était la véritable attaque, la véritable force de l'infanterie.

Il apparaît bien que la légère portée efficace d'une arme, d'ailleurs aussi imparfaite, ne permettait pas de donner à ce prélude du choc l'envergure qu'elle devait rationnellement atteindre dans l'avenir.

Il s'ensuit tout naturellement que le feu n'avait pas encore acquis pendant les guerres de l'Empire une bien grande importance.

Néanmoins, Napoléon ne le considérait pas comme une quantité négligeable.

Dans un ordre (1) adressé le 31 mars 1809 au prince de Neuchâtel, major général à Strasbourg, l'Empereur se plaint que la division Saint-Cyr n'ait pris aucune cartouche en passant par Strasbourg, et il ordonne que toutes les troupes passant par cette place « aient cinquante cartouches par homme dans les caissons, indépendamment des cinquante que chaque homme doit avoir dans le sac ».

Dans une lettre (2) adressée, quelques jours après,

---

(1) Ordre concernant l'approvisionnement de cartouches et le nombre dont chaque homme doit être pourvu (*Correspondance militaire de Napoléon Ier*).

(2) Quantité de munitions de guerre à avoir. (Même correspondance.)

le 10 avril, à la même autorité, l'Empereur exprime la même idée et termine son ordre en disant : « En résumé, je suis satisfait si les corps de l'armée ont dix millions de cartouches, soit à la division, soit au parc du corps d'armée. »

Pour ne citer qu'un fait de guerre, à Austerlitz, dans la lutte sur le Goldbach, nos tirailleurs embusqués judicieusement n'ont-ils pas, par leur feu, infligé des pertes considérables aux lourdes lignes ennemies ?

ARTICLE II.

Dernier fusil lisse modèle 1840-1853 en usage en France. — Le feu est négligé : Crimée, Italie, Mexique. — Premier fusil rayé en 1857.

Le dernier des fusils lisses en usage en France est un fusil à piston modèle 1840, modifié en 1853. C'est celui de la guerre de Crimée.

Toutes ces armes à âmes lisses avaient une trajectoire peu tendue et, par suite, une portée restreinte. La confiance qu'elles inspiraient à notre fantassin était limitée.

En 1857 (1), l'infanterie française reçut un fusil rayé ; c'est avec cette nouvelle arme qu'elle fit la campagne d'Italie.

Mais, malgré cette innovation, qui augmentait dans de notables proportions la portée de l'arme, le soldat français, aussi bien en Crimée qu'en Italie et au Mexique, n'abusa pas de l'emploi du feu. Son procédé d'attaque consistait, comme au xviii⁰ siècle, à aller hardiment de l'avant. N'aimons-nous pas à nous remémorer ces épithètes d'*offensifftoss* des Autrichiens et de *furia francese* des Italiens qui caractérisaient, à

____

(1) L'infanterie de la garde en était dotée depuis 1854.

cette époque, la tactique de notre soldat, tactique toute de bravoure consistant à charger à la baïonnette et au pas de course, sans tirer ?

Et, cependant, comme toute médaille a un revers, il est nécessaire d'ajouter, tout en nous inclinant devant l'héroïsme de nos pères, que des succès moins faciles à remporter auraient eu l'avantage d'imposer, avec un meilleur emploi du feu de l'infanterie, une tactique moins élémentaire. C'est cette même idée que von der Goltz a exprimée (1) pour expliquer nos désastres de 1870. « La France, dit-il, a créé la cause première de sa grande défaite en employant fréquemment, pendant quinze ans, ses troupes contre de la racaille, telle que les Kabyles, les Chinois, les Garibaldiens, les guérillas du Mexique, etc., et en remportant des victoires à bon marché, malgré la façon molle et négligente dont les opérations étaient conduites. Les troupes françaises s'étaient accoutumées à moissonner la gloire sans grands efforts. »

---

(1) Dans *Gambetta et ses armées.*

TITRE II

De 1866, date de l'apparition du fusil à tir rapide,
jusqu'à l'apparition de la poudre sans fumée.

CHAPITRE PREMIER

APPARITION DU DREYSE PRUSSIEN, PREMIER FUSIL A TIR RAPIDE. — SA SUPÉRIORITÉ SUR LES ARMES SE CHARGEANT PAR LA BOUCHE PROUVÉE PENDANT LA GUERRE DE 1866.

Avec l'apparition du fusil à tir rapide, nous arrivons à une phase très importante de l'armement de l'infanterie et l'influence considérable de cet événement sur la tactique ne tardera pas à se faire sentir.

Quant à la physionomie du combat en ce qui concerne les feux, elle n'a guère varié qu'à partir de la guerre de 1870 ; c'est que, n'hésitons pas à le dire, le soldat d'autrefois était simplement considéré comme « une baïonnette ». N'est-ce pas la baïonnette qui a valu aux armées des siècles précédents et à celles de Napoléon leurs plus beaux succès ?

Bref, dix ans avant 1870, on écrivait encore : « Ne vous occupez pas du feu, les armes perfectionnées ne sont dangereuses que de loin, la baïonnette restera toujours l'arme par excellence. »

Il fallut la guerre de 1866 pour mettre en relief d'une façon évidente la supériorité des armes à tir rapide. L'infanterie prussienne, en effet, avait entre les mains, depuis 1848, le fusil Dreyse à aiguille, modèle 1841. C'était la première arme à tir rapide se chargeant par la culasse ; elle devait assurer au soldat prussien une énorme supériorité matérielle et morale sur l'infanterie autrichienne dont l'armement était bien inférieur au sien et dont la tactique, au surplus, se prêtait singulièrement au succès de l'infanterie adverse.

L'empereur François-Joseph, se reposant sans réserve sur les résultats obtenus par l'infanterie française en Italie, grâce à l'offensive à outrance, préconisa en 1866 une tactique toute de mouvement sans préparation du choc par le feu. La baïonnette devait encore tout faire à elle seule.

La campagne de 1864 aurait cependant dû lui ouvrir les yeux sur la valeur du dreyse et sur ses effets. De semblables errements allaient lui coûter cher car, suivant le général F. Canonge (1) : « en terrain plat et découvert, où le fusil à aiguille permettait de diriger seize salves au minimum sur une troupe ayant à parcourir sans s'arrêter un espace de 500 pas, la progression devait coûter, jusqu'à l'arrêt forcé et au delà, de terribles pertes ».

Quelques exemples suffisent à fixer les idées sur les effets des feux prussiens.

A Trautenau (27 juin 1866), un des rares combats où la victoire ait souri aux Autrichiens, leurs pertes s'élèvent à 4.787 hommes, tués ou blessés, tandis que celles des Prussiens n'atteignent que le chiffre de 1.338 hommes.

Le général prussien von Brandt nous donne l'explication d'une semblable disproportion :

« Deux pelotons prussiens, dit-il, embusqués dans un fossé, sur la lisière d'un bois, ne craignirent pas de barrer le passage à un bataillon de chasseurs à pied autrichien. Ce bataillon était formé en colonne d'attaque et il se porta en avant au son de la marche

---

(1) Dans *Art et Histoire militaire*.

militaire dite de *Radetzky*. Le chef des deux pelotons prussiens laissa l'ennemi s'approcher jusqu'à 500 pas, indiqua à ses hommes la hausse à employer et le point à viser, puis il commanda : « Feu ! » Un instant après, la fanfare du bataillon autrichien ne jouait plus : on s'aperçut que le chef de bataillon et son adjudant-major avaient disparu et on remarqua des vides dans les rangs de la colonne.

» Cependant, quelques moments après, la colonne se remettait en marche, les officiers agitaient leurs sabres et la fanfare recommençait à jouer ; les Prussiens lâchèrent alors une seconde salve : cette fois, la colonne tourbillonna sur elle-même et se rompit pour prendre la fuite. Lorsque les Prussiens sortirent de leur abri, ils trouvèrent, fauchés sur le terrain que venait de parcourir la colonne autrichienne, 11 officiers, dont le chef de bataillon et l'adjudant-major, et 247 blessés ou tués, plusieurs atteints de deux balles. »

A Sadowa, les pertes considérables de l'armée austro-saxonne établissent inéluctablement la puissance de l'arme à tir rapide. Les pertes prussiennes se chiffrent par 359 officiers et 8.794 soldats ; celles des Autrichiens s'élèvent à 1.372 officiers et 42.968 soldats.

Il est à noter que Sadowa est, après Leipzig, la bataille du XIXᵉ siècle qui a mis aux prises les masses les plus nombreuses.

Bien que les Prussiens aient su, comme il convenait, tirer le meilleur parti de leur dreyse, ils n'en ont pas moins pratiqué en même temps l'offensive à outrance.

La supériorité des fusils à tir rapide étant ainsi prouvée, et dans de telles conditions, les grandes puissances européennes n'eurent qu'une idée, celle de transformer leur armement.

Toutefois, au point de vue tactique, on croyait qu'il était encore possible de maintenir dans la zone efficace des feux d'infanterie des demi-bataillons en ordre serré. Il faudra la guerre de 1870 pour démontrer le contraire.

CHAPITRE II
GUERRE DE 1870-1871

Article Premier.

Armements en présence. — Le chassepot et le dreyse. — Théories en sens contraire concernant le feu émises à l'apparition du chassepot.

En France, une nouvelle arme allait apparaître et l'infanterie fut armée, dès 1867, du fusil Chassepot, modèle 1866, arme de beaucoup supérieure au dreyse des Prussiens au point de vue de la portée (1) et de la tension de la trajectoire. Mais, en mettant entre les mains de ces mêmes hommes auxquels on conseillait, quelques années auparavant, de faire fi du feu, cette arme perfectionnée, quelles idées allait-on leur suggérer? « Couvrez-vous, tassez-vous dans les fossés, leur disait-on, et ne vous inquiétez de rien : votre feu va faire ce que faisait votre baïonnette autrefois. »

Avec de semblables principes, un engin meilleur que les précédents risquait fort de devenir pour la France une cause de faiblesse au lieu d'être un surcroît de force, tellement cette idée fausse autant que dangereuse de défensive s'était accréditée dans l'armée.

Et pourtant, que ne disait-on pas en sens contraire dans certains milieux, au moment où notre infanterie recevait le chassepot ?

---

(1) Le chassepot avait une portée efficace de 1.600 mètres, et le dreyse de 600 mètres.

Quelle énorme dépense de munitions, quelles tireries hors de portée, quels désordres n'allaient pas être la conséquence de cette innovation ?

C'est évidemment la routine qui, en pareille occurrence, fait entendre sa voix, la routine conséquence de l'éducation professionnelle du soldat. On lui a inculqué des idées déterminées qui deviennent finalement les siennes et que les inventions nouvelles tendent à renverser. Il est tout naturel qu'*à priori* il soit réfractaire à ce qui peut apporter des modifications dans sa manière de combattre, surtout quand elle a obtenu de glorieux résultats.

Il ne faudrait cependant pas pousser les choses à l'excès.

Et, en admettant qu'avant la guerre de 1870, d'aucuns aient pu manifester des idées contraires à l'emploi du feu, il était tout au moins puéril de soutenir, une fois la campagne terminée et connue, que le tir du fantassin au combat est une inutilité et une manifestation de lâcheté.

Cette thèse a été émise et voici de quelle façon le général Lamiraux la combattait en 1896 (1) : « S'il était vrai que l'on ait exprimé, surtout devant un auditoire, la pensée que le feu est inutile et est une manifestation de la peur, nous ne pourrions que souhaiter pour celui qui l'a dit de se trouver un jour, comme chef d'une petite unité, dans une de ces bagarres de la guerre où, au milieu d'une pluie de projectiles qui brisent les branches, sifflent dans l'air, soulèvent les poussières et les cailloux des champs et des chemins, les hommes anxieux, effrayés, indécis, se tapissent derrière les plus petits abris du sol et interrogent des yeux leur officier...

. . . .

(1) Dans son *Etude sur le fusil modèle* 1886.

» ... Le soir, lorsque le combat a cessé, lorsqu'on compte que 27 ou 28 officiers amis, sur 50, sont à l'ambulance, ou morts, lorsque le colonel apprend aux appels que 500 à 600 hommes sont restés sur le carreau, on ne peut nier le feu, car, en somme, souvent si on a aperçu des ennemis, c'est assez loin, sur les lisières des bois, derrière les lignes de haies qu'ils n'ont pu franchir eux-mêmes parce que « le feu » leur en a fait sentir l'impossibilité. »

Article II.

Effets matériels du feu de l'infanterie en 1870. — Pertes prussiennes dans différents combats.

Du reste, pourquoi ne pas admettre ce qui est si clairement démontré, d'autant plus qu'en pareille matière, comme en bien d'autres, rien ne sert d'exagérer dans aucun sens; il suffit de ne pas avoir d'idée préconçue et d'accepter les résultats fournis par l'expérience, tels qu'ils se présentent.

Le général Lamiraux, dans l'ouvrage que nous citions à l'instant, a reproduit certains pour-cent obtenus, particulièrement dans les combats du mois d'août. Ils font ressortir clairement les pertes qu'a fait éprouver aux Prussiens au cours de ces batailles le feu de notre infanterie.

Nous citerons d'abord quelques chiffres puisés à cette source.

A Frœschwiller, le 6ᵉ de ligne laisse sur la pente de la Sauer 29 p. 100 de son effectif; le 46ᵉ, 32 p. 100. Tous ces hommes sont tués ou blessés.

Le 7ᵉ et le 47ᵉ de ligne laissent chacun 20 p. 100 de leur effectif sur le carreau.

Pour les 38ᵉ et 39ᵉ régiments de même arme, ce sont respectivement 15 p. 100 et 10 p. 100 de l'effectif qui sont mis hors de combat.

Il est vrai que ces six régiments prussiens ont été les plus éprouvés pendant le cours de la lutte. Ils appartenaient au Vᵉ corps, qui a pratiqué l'attaque centrale, destinée à enlever les hauteurs de Wœrth et le village de Frœschwiller.

D'après les recherches effectuées par le général Lamiraux, ces pertes sont presque entièrement dues à la fusillade.

En l'espèce, il est facile d'avoir une idée relativement précise des effets matériels produits par les différentes armes. On admet, et nous aurons l'occasion de constater que, dans les batailles modernes, la proportion donnée est sensiblement la même, que le cinquième des tués ou blessés est dû aux obus, à la baïonnette et aux charges de cavalerie. La part qui revient au feu de mousqueterie dans les résultats obtenus est aisée à déduire.

Ainsi à Frœschwiller, les Allemands qui ont engagé environ 100.000 hommes ont perdu à peu près 500 officiers et plus de 10.000 hommes de troupe.

La conclusion est simple.

A Spicheren, la fusillade laisse sur le carreau une proportion de 16 à 17 p. 100, et à Borny une moyenne de 19 p. 100.

Il y a lieu de remarquer que, s'il avait été possible de relever séparément les pour-cent en pertes des bataillons engagés en première ligne et qui, par suite, ont été généralement beaucoup plus éprouvés, les résultats constatés seraient évidemment bien plus considérables.

A Rezonville, nous ne citerons que « l'anéantissement presque total (1) », comme l'a écrit l'état-major prussien, de la brigade von Wedell, se heurtant pour ainsi dire à bout portant au feu terrible de la division de Cissey. La brigade prussienne comptait 95 officiers et 4.546 hommes ; elle laissa sur le terrain 72 officiers (2) et 2.542 soldats.

A Saint-Privat, n'enregistrons que les pertes subies par la fameuse quatrième (3) brigade de la **garde prussienne**, à l'audace et à la puissance morale de laquelle tous, amis et ennemis, s'accordent à rendre un suprème hommage. Elle a pour objectif Jérusalem, groupe de maisons situées au sud de Saint-Privat, et exécute sa marche d'approche par régiments accolés sur une ligne longue d'un kilomètre environ. Malgré le courage des combattants, malgré la ferme volonté de vaincre des survivants, force lui est de s'arrêter au bord du plateau. Seuls, les feux d'infanterie (4) de la brigade Gibon, de notre 6° corps, ont été dirigés sur elle et ont arrêté son élan qui semblait invincible. Ses régiments perdent, l'un 950 hommes, l'autre 850. C'est de 30 à 35 p. 100 de son effectif qu'elle perd dans cette attaque à jamais mémorable pour les armes prussiennes.

ARTICLE III.

Effet moral du feu accompagnant l'effet matériel.

Telles sont les pertes occasionnées par le feu en 1870 ; quant à l'effet moral qui en était la conséquence immédiate, il mérite d'être signalé.

Dans l'attaque, citée à l'instant, de la garde prus-

---

(1) Du 16° prussien en particulier, qui, à lui seul, a perdu 1.785 soldats.

(2) Dont le général.

(3) Général de Berger, ayant sous ses ordres le 2° grenadiers (Empereur-François), et le 4° grenadiers (Reine-Augusta).

(4) Il n'y avait au 6° corps que quelques batteries d'artillerie dont les coffres étaient vides, tellement elles avaient tiré à Rezonville.

sienne à Saint-Privat, il a accompagné l'effet matériel pour forcer les compagnies désorganisées des 2ᵉ et 4ᵉ grenadiers prussiens à se blottir dans les fossés qui étaient à leur proximité.

A Spicheren, vers 1 heure de l'après-midi, le général de François, suivant l'ordre qu'il vient de recevoir du général de Kansecke, pousse en avant droit sur l'éperon du Rother-Berg, dont il faut prendre possession, les 1ᵉʳ et 3ᵉ bataillons du 74ᵉ prussien.

Le 3ᵉ bataillon, déployé en ligne de colonnes de compagnie à intervalles de déploiement, s'avance à l'attaque de la position, suivi à environ 250 mètres par le 1ᵉʳ bataillon, formé en ligne de colonnes de compagnie.

Quand ces troupes, débouchant en terrain découvert, arrivent à 1.800 mètres environ de cette forte position du Rother-Berg, que nous occupons, elles sont canonnées par notre artillerie.

Puis, d'après le général Bonnal (1) : « Plus tard, quand les compagnies de première ligne parviennent à 700 ou 800 mètres de l'éperon, une fusillade intense partant de la tranchée (2) fait surgir un événement que l'on verra se reproduire en des circonstances analogues sur tous les champs de bataille de 1870.

» L'infanterie exposée, sans riposte possible, à des feux violents d'artillerie et de mousqueterie, se désorganise et les fractions qui la composent courent s'abriter derrière l'abri le plus proche. »

Le colonel Rousset (3) nous indique en détail quelle fut à ce moment précis la conduite des hommes de ce bataillon prussien : « Ceux-ci, dit-il, décimés, tourbillonnant, furent réduits à chercher des abris

---

(1) Dans *La Manœuvre de Saint-Privat*, 1ᵉʳ vol.
(2) Il y avait là deux bataillons du *63ᵉ !* et un bataillon du 2ᵉ.
(3) Dans son *Histoire générale de la guerre franco-allemande*.

au pied même du rocher et se blottirent pêle-mêle contre la base des escarpements où les balles, partant des tranchées placées au-dessus de leur tête, ne pouvaient plus les atteindre. »

Quant aux compagnies du bataillon de deuxième ligne, elles se sont échappées latéralement les unes vers le bois de Stiring, les autres vers le Gifertwald.

L'effet moral fut le même chaque fois que des troupes en formation compacte se sont avancées sous le feu nourri d'un adversaire bien posté.

Le général prussien von Boguslawski (1) nous révèle une autre conséquence de l'effet moral du feu à propos du désordre qui a accompagné les attaques de l'infanterie allemande, à Fræschwiller : « Sur les terrains accidentés, dit-il, l'éparpillement et la confusion des unités tactiques furent immenses. On dirait que le roulement de la fusillade et la fumée résultant du combat actuel de l'infanterie possèdent une force dissolvante. »

Tels ont été les effets des feux et leurs conséquences dans cette campagne si désastreuse pour nous.

Il serait fastidieux d'insister plus longtemps sur ce sujet en donnant d'autres exemples.

Avouons, en toute franchise, que les résultats ont été probants. Il ne pouvait d'ailleurs en être autrement, car, pour la première fois depuis que des progrès énormes avaient été réalisés dans l'armement, deux grandes armées venaient de se trouver aux prises.

Article IV.

Conséquences tactiques des effets des feux.

Aussi, la guerre de 1870 a-t-elle mis en évidence la toute-puissance du feu, soit d'infanterie, soit d'ar-

---

(1) Dans ses *Conséquences tactiques de la guerre de 1870-71.*

tillerie, et avons-nous été mis dans l'obligation de reconnaître, ce qu'on s'était refusé à admettre avant la guerre, la nécessité de renoncer aux formations compactes, d'adopter un ordre dispersé et de demander au terrain la protection qu'il procure à celui qui, le connaissant, sait en tirer parti d'une façon intelligente.

Le général F. Canonge, dans son *Histoire et art militaires*, va même jusqu'à dire qu'à la suite de la campagne de 1870, « on eut conscience qu'à l'avenir l'action des feux de l'artillerie et de l'infanterie primerait tout à la guerre ». Empressons-nous d'ajouter que, plus loin, dans le même ouvrage, il se montre moins intransigeant et déclare que « la guerre franco-allemande a mis en évidence la toute-puissance de l'infanterie, lorsque, bien commandée, elle sait faire alterner le mouvement et le feu dont l'emploi est devenu une science véritable ».

CHAPITRE III

RÉGLEMENTS FRANÇAIS ET ALLEMAND PARUS ENTRE LA GUERRE DE 1870 ET LA GUERRE DE 1877-78.

Après une guerre de cette envergure, il semblait logique de supposer qu'en France aussi bien qu'en Allemagne on allait assister, sinon immédiatement, du moins assez vite, à l'apparition de règlements nouveaux basés judicieusement sur les enseignements de la campagne.

Il n'en fut rien ; de part et d'autre ils se firent attendre longtemps.

ARTICLE PREMIER.

Règlement français de 1875 sur les manœuvres de l'infanterie.

Le Règlement du 12 juin 1875 succéda à celui de 1869. Se basant sur les effets dus à l'augmentation de la portée, de la justesse et de la rapidité du tir, il faisait ressortir combien il était difficile d'attaquer de front une position bien défendue. Il en concluait, et cela très logiquement, à la nécessité de combiner l'attaque de front avec une attaque de flanc, permettant du même coup de concentrer de loin les feux sur l'objectif, chose impossible autrefois avec des fusils portant à 300 mètres. Mais l'exagération de l'importance du feu, exagération destinée à se reproduire sans cesse dans l'avenir, jointe à un excès d'utilisation du terrain et à un souci extrême de supprimer les pertes, enleva à ce règlement une large part de sa valeur offensive.

Loin de nous la pensée d'ériger la critique en système ; notre incompétence rendrait ce procédé ridicule. Il est toutefois permis de trouver surprenant que moins de cinq ans après la terrible leçon due à une défensive basée sur la supériorité de notre chassepot, et appliquée à outrance pour des motifs que nous nous garderons d'éclaircir ici, il est surprenant, disons-nous, qu'un règlement de manœuvres ose proclamer, avec la prépondérance du feu, des principes si contraires à notre tempérament national, naturellement porté à l'offensive.

Le règlement nouveau constituait cependant un réel progrès, comparativement à celui de 1869.

Article II.

Règlement allemand de 1876 sur les manœuvres de l'infanterie.

L'année suivante, un autre règlement remplaça en Allemagne celui qui était déjà vieux de près de trente ans, puisqu'il datait de 1847.

Loin de préconiser la préparation de l'attaque par le feu, le Règlement de 1876 ne cachait pas son dé-

goût pour le déploiement en tirailleurs, sous prétexte
qu'il avait une influence désorganisante et donnait la
préférence aux formations rigides, vulnérables et mas-
sives.

Qui aurait pu supposer que les effets sanglants des
feux, pendant la guerre franco-allemande, devaient
amener de semblables conclusions ?

C'est ce qui provoqua cette appréciation du colonel
Keim (1), jugeant l'œuvre réalisée : « L'infanterie
n'avait donc à cette époque tiré qu'un médiocre profit
de l'expérience de la guerre de 1870-1871. »

CHAPITRE IV

GUERRE TURCO-RUSSE DE 1877-1878

Article Premier.

**Considérations générales. — Armements en présence. — Effets
du feu dans quelques batailles.**

L'année suivante, la guerre turco-russe de 1877-
1878 allait fournir de nouvelles données sur l'alliance
du feu et du choc.

Le fusil Martini dont étaient armés les Turcs était
supérieur au fusil Berdan des Russes (2).

Ces derniers étaient largement pourvus en parcs, en
convois et en matériel de toute nature. Quant à l'armée turque, à part les munitions d'infanterie qu'elle
avait en abondance, elle était fort mal approvisionnée.
Pour cette double raison, et il y en avait bien d'autres
assurément, les Russes ont eu surtout recours au choc
et les Turcs ont excellé dans l'emploi du feu d'infanterie, dont ils ont usé et abusé à grande distance, sans

____

(1) Extrait des *Löbells Jahresberichte*.

(2) Les Turcs avaient également des snider et les Russes des
krinka.

se préoccuper de la consommation des munitions. Cette opinion a, en effet, été émise que les Turcs avaient gaspillé leurs cartouches et tiré sans cesse et sans changer la hausse.

D'après la réponse faite par Osman-Pacha lui-même à des officiers de notre École de guerre (1) qui l'avaient questionné à ce sujet, ce ne serait qu'une fable : « On observait, dit-il, dans le tir les prescriptions du Règlement (2). Le tir à grande distance avait pour but de contrarier la circulation et les mouvements de l'ennemi (3)...

» ... La distance ordinaire du tir de l'infanterie était 400 mètres et ne dépassait pas 800 mètres... On laissait approcher l'ennemi pour le foudroyer sûrement... Les soldats de toute provenance étaient exercés, rien n'était abandonné au hasard, l'économie des munitions était l'objet d'une surveillance active. »

La tactique des Turcs peut, dans cette guerre, se résumer en ceci : feu toujours et à toute distance.

Elle convenait, il est vrai, à la situation en raison de la témérité des Russes qui se souciaient peu d'utiliser le terrain et de manœuvrer et venaient s'user dans des attaques de front presque toujours insuffisamment préparées.

A la première bataille de Plewna, c'est la brigade Schildner qui, faute de préparation suffisante de son attaque par l'artillerie, s'engage avec trop de précipitation et vient se briser contre le feu nourri des Turcs. Ces derniers, établis dans des retranchements, sont quatre fois plus nombreux que leurs adver-

---

(1) Entre autres, le commandant Bonneau, professeur en 1899. Ce renseignement a été pris dans son cours.

(2) Il avait beaucoup d'analogie avec le règlement français de cette époque.

(3) Pour compenser le nombre insuffisant de leurs bouches à feu.

saires. Résultat : sur 6.000 hommes engagés, les Russes en avaient perdu près de 3.000.

A la deuxième bataille de Plewna, les Turcs, établis sur la rive droite du Vid, ont installé le camp retranché de Plewna sur une position en éventail qui devait arrêter l'effort des Russes pendant cinq mois.

Cette solide position, le général Krüdener va, le 30 juillet, l'attaquer en deux colonnes.

A droite, deux régiments sont lancés tour à tour en formation dense sur la redoute de Grivitza. Le feu étagé des Turcs fait de sanglantes trouées dans ces troupes héroïques et l'un des régiments perd 1.100 hommes dans un premier assaut.

L'attaque de gauche sur Radichevo bat en retraite elle aussi dans un complet désordre. Placée entre les deux attaques, la réserve avait été littéralement émiettée entre la droite et la gauche et écrasée en détail.

Résultat : les Russes perdent près du tiers de leur effectif, c'est-à-dire 7.500 hommes. Osman-Pacha n'a que 400 tués ou blessés.

Tels furent les effets du feu d'infanterie (1) sur de semblables attaques. Nous nous sommes suffisamment étendus sur le même sujet dans l'étude de la guerre de 1870 et nous n'insisterons pas davantage cette fois pour prouver quel rôle important, matériel et moral il joue au combat. Depuis 1866 nous sommes fixés à cet égard.

Article II.

Rejet des idées erronées résultant de la puissance du feu émises à la suite de la guerre.

Aussi, la campagne était à peine terminée que déjà quelques tacticiens exaltaient la puissance des feux

----

(1) Nous avons vu que les Turcs avaient peu d'artillerie.

d'infanterie à grande distance et concluaient tout naturellement à la défensive.

L'examen scrupuleux des faits prouve que si le tir à grande distance a parfois atteint une très grande efficacité, c'est surtout pendant l'exécution des retraites. Dans cette situation, le tireur qui voit s'enfuir son adversaire possède tout son calme et utilise toute la portée de son arme. Dans l'attaque, au contraire, se sentant sous la perpétuelle menace de l'élan et du feu de l'assaillant, le feu du défenseur est loin d'avoir la même efficacité, surtout aux petites distances.

Mais ne restons pas plus longtemps sur cette idée de défensive exprimée à l'instant.

Si la puissance de leur feu de mousqueterie est évidente, il a manqué aux Turcs dans cette campagne l'élan et l'entrain qui, seuls, peuvent assurer le succès, et cette lutte russo-turque établit une fois de plus que la défensive passive conduit fatalement à la défaite.

Article III.

Enseignements tactiques découlant de la puissance du feu.

Dans son étude remarquable et détaillée sur les trois batailles de Plewna (1), le général Langlois a dégagé les enseignements à tirer de cette campagne. Nous lui emprunterons ces quelques lignes qui font ressortir l'importance nouvelle du feu de l'infanterie et son influence sur la tactique et la fortification passagère : « La valeur considérable de la fortification légère du champ de bataille est certainement l'un des facteurs tout à fait nouveaux qui mettent en relief les actions autour de Plewna. La fortification de campagne tire son augmentation de force de l'accrois-

---

(1) Dans *Enseignements de deux guerres récentes.*

sement même du feu de l'infanterie ; en cela, il y a certainement un fait nouveau important dont il faut tenir compte. L'assaillant lui-même, en face des effets incontestables des fusils à chargement rapide, se voit obligé de recourir à la fortification de campagne. Skobelef ne fait pas un pas en avant sans s'assurer l'appui de la fortification ; constamment, ce général, audacieux au plus haut degré, recommande de remuer la terre ; il se plaint, dans tous ses rapports, de l'insuffisance du nombre des outils de pionniers portés par les fantassins...

» Gourko, chargé d'une expédition essentiellement offensive (1), insiste pour que deux bataillons de sapeurs soient adjoints à son corps de troupe au lieu d'un seul qu'on lui donne. »

Il y a donc lieu d'insister particulièrement sur ce fait que si la fortification rapide, aussi bien à la disposition de l'attaque qu'à celle de la défense, a pris une tournure aussi importante dans la guerre de 1877-1878, elle le doit à l'accroissement de puissance du feu de l'infanterie.

Nous la verrons prendre une extension encore plus grande dans la guerre russo-japonaise.

ARTICLE IV.

Influence de la guerre de 1877-78 sur l'avènement du fusil à répétition. — Le kropatscheck donné à la marine française en 1878.

Nous ne croyons pas pouvoir être taxé d'exagération en émettant l'idée que la guerre russo-turque a favorisé, dans de larges proportions, l'avènement du fusil à répétition.

---

(1) Il devait prendre à revers la passe de Schipka avec son corps d'avant-garde.

Le chargement de l'arme par la culasse avait, depuis 1866, augmenté singulièrement la rapidité du tir.

La répétition devait permettre d'obtenir dans un laps de temps très court une intensité des feux encore plus grande. Les engins existaient depuis longtemps déjà (1) ; quant aux armées, elles ne leur avaient pas encore prodigué l'accueil si vivement désiré par leurs inventeurs.

On doit à Osman-Pacha d'avoir utilisé, dans ses retranchements de Plewna, les propriétés de l'arme à répétition et d'avoir ainsi montré qu'elle était capable de couvrir de projectiles, dans un temps restreint, les abords d'une position défensive.

Le soldat turc, qui avait à sa disposition deux caisses de cartouches, se servait, suivant les circonstances, du fusil Martini ou de la carabine Winchester à répétition, empruntée à la cavalerie.

Avec le premier, il tirait aux grandes distances ; avec la seconde, il criblait de balles, à courte distance, les têtes de colonnes russes.

En 1878, notre marine fut dotée du fusil Kropatscheck à répétition.

A cette époque, notre infanterie utilisait le fusil 1874 qui n'avait encore fait ses preuves dans aucune campagne. Sa valeur balistique était, à peu de chose près, la même que celle du berdan et du martini.

Ce fut presque exclusivement l'arme de nos campagnes du Tonkin, qui ont montré une grande propension au tir.

---

(1) Dès 1862, les Américains avaient employé, dans la guerre de Sécession, des fusils à répétition du système Spencer.

TITRE III
De l'apparition de la poudre sans fumée jusqu'à nos jours.

CHAPITRE PREMIER
DE L'APPARITION DE LA POUDRE SANS FUMÉE JUSQU'A LA GUERRE SUD-AFRICAINE

ARTICLE PREMIER.

Apparition de la poudre sans fumée (1884) due à M. Vieille. — Différentes poudres. — Fusil Lebel (1886). — Sa valeur comparée à celle des armes analogues en service à l'étranger. — Balles D et S.

Jusqu'à cette époque, c'est-à-dire jusqu'en 1884, les recherches pratiquées pour faire progresser l'armement de l'infanterie avaient surtout tendu, de tous côtés, à augmenter la rapidité du tir et à obtenir de plus loin des effets meurtriers.

Dans ce dernier ordre d'idées, il suffit de se souvenir qu'à la suite de l'adoption du chassepot, en 1867, toutes les nations avaient songé à augmenter la valeur balistique de leurs armes en service en réduisant leurs calibres. Mais deux graves inconvénients subsistaient encore avec le fusil Gras et ses semblables des autres puissances. Nous voulons parler de l'encrassement de l'arme et de la production de fumée, inconvénients inséparables des poudres ordinaires à réaction incomplète.

Quelque bonne que soit leur constitution, elles contiennent des sels métalliques (le salpêtre, par exemple) non susceptibles de passer à l'état gazeux et, par suite, produisent de la fumée.

Des recherches nombreuses avaient été faites pour

arriver à une solution avantageuse supprimant ces dernières défectuosités. C'est à M. Vieille, ingénieur français des poudres et salpêtres, que revient l'honneur d'avoir découvert en 1884 une poudre blanche (1) plus puissante et n'ayant pas les inconvénients de la poudre noire.

Cette suppression de la fumée est le point de départ d'une ère nouvelle dans l'évolution du feu de l'infanterie et pour la tactique.

Sans, toutefois, modifier les principes généraux de la guerre, qui sont immuables, la poudre sans fumée sera dans le combat un nouveau facteur considérable dont il y aura lieu de tenir compte.

L'étude des guerres récentes nous édifiera sur ce point.

Cette précieuse découverte fut suivie, en France, à bref délai, de l'apparition du fusil 1886, aujourd'hui universellement connu.

L'avènement de la poudre sans fumée avait amené avec lui celui de la réduction des calibres. De 11 millimètres avec le fusil Gras, nous descendions à 8 millimètres avec notre nouvelle arme.

C'était, à coup sûr et de toutes façons, le signal d'une révolution dans l'armement de l'infanterie. Cette diminution du calibre facilitait l'obtention de grandes vitesses initiales et, par suite, de trajectoires très tendues. Le terrain allait être mieux battu, les zones dangereuses plus considérables et le poids des balles réduit, tout en conservant une force de pénétration suffisante.

Tels étaient les avantages de l'innovation adoptée et, parmi ceux-ci, la plus grande légèreté des muni-

---

(1) La poudre progressive B F, à base de nitrocellulose pure, fut celle de notre cartouche M, modèle 1886. La poudre B N₃F (plus progressive que B F) est celle de la cartouche D, modèle 1898.

tions permettait, à poids égal, d'augmenter en cartouches l'approvisionnement de l'homme.

A partir de cette époque, nous voyons donc les nouveaux calibres adoptés dans les diverses puissances osciller entre 7 et 8 millimètres.

Il ne semble pas utile d'ajouter que jusqu'ici nous n'avons fait usage du fusil Lebel que dans des expéditions coloniales.

Pendant la campagne de 1892, au Dahomey, la légion étrangère et l'infanterie de marine en étaient armées. Le général Dodds (1) cite d'excellents exemples de consommation de munitions, aux combats de Poguessa (4 octobre) et d'Oumboucmedi (11 octobre).

A Madagascar, en 1895, le fusil n'a, semble-t-il, joué qu'un rôle assez effacé.

Quant à la campagne de Chine de 1900, elle ne peut qu'imparfaitement nous fixer sur les effets matériels et moraux du feu.

Bref, notre fusil actuel n'a été utilisé que dans des expéditions trop restreintes pour qu'on puisse en conclure des choses d'expérience.

Nous pouvons cependant nous faire une idée suffisamment exacte de sa puissance en consultant les résultats du feu dans la guerre sud-africaine de 1899-1900 et dans la récente campagne de Mandchourie.

Les armes employées de part et d'autre dans ces deux guerres sont, au point de vue balistique, les unes peut-être un peu supérieures, les autres peut-être un peu inférieures à la valeur de notre fusil 1886 tirant la cartouche M.

Il n'en est pas moins vrai qu'en l'espèce leur ressemblance entre elles est suffisante pour que les con-

____

(1) Dans son *Journal de marche*.

clusions résultant de l'emploi de l'une d'elles puissent s'appliquer aux autres.

Et si, par hasard, pris d'un scrupule vraiment bien louable, l'idée nous venait d'avoir exagéré ces conclusions en notre faveur, il nous suffira de penser que la cartouche M a vécu et qu'avec le fusil Lebel tirant la balle D nous sommes dotés à l'heure actuelle d'une arme qui n'est nullement dépassée par le mauser allemand tirant la cartouche S.

Cependant, en 1907, M. Maximilien Harden, dans un numéro du *Zukunft* (1), prêtait à un officier allemand cette opinion que « l'arme de l'infanterie française était tout à fait démodée » (2).

ARTICLE II.

**Résultats du feu obtenus avec les armes nouvelles
à la bataille d'Adoua, en Erythrée.**

Nous dirons quelques mots du fait de guerre important qui a caractérisé, le 1er mars 1896, l'expédition des Italiens en Erythrée. Nous voulons parler de la bataille d'Adoua, de sinistre mémoire pour les armées italiennes, et pour le général Baratieri en particulier.

Elle présente, en ce qui nous concerne, un réel intérêt en raison des engins nouveaux qu'une grande partie des combattants avaient entre les mains et des effets qu'ils ont produits.

Les Abyssins possédaient des armes de toutes sor-

---

(1) De la première semaine d'août 1907.

(2) Au cours de la discussion récente du budget de la guerre, M. Clémentel, rapporteur, disait : « Notre fusil Lebel est égal au meilleur et supérieur à presque tous les fusils de guerre. » (Séance du 13 mars 1911.) Et M. Berteaux, ministre de la guerre, affirmait que « le fusil actuel est une arme excellente, et avec la balle D, qui assure une trajectoire plus tendue, une portée plus considérable, il est comparable aux meilleures armes en service dans les autres armées ». (*Journal officiel* du 21 mars 1911.)

tes, des martini-henry, donnés au négus par les Anglais, des fusils Gras et même des wetterli, envoyés en cadeau au moment de l'entente « ménéliko-italienne ».

D'après les correspondances italiennes venues d'Erythrée, ils avaient même à Adoua des fusils tirant la poudre sans fumée et appartenant aux meilleurs systèmes.

L'infanterie italienne était munie du fusil Carcano, modèle 1891, arme de petit calibre ($6^{mm},5$) et à poudre sans fumée. Il y avait également des wetterli (1).

Dans les deux armées, les pertes furent considérables.

Du côté des Italiens, la brigade Albertone, très éprouvée, perdit la plupart de ses officiers. Cependant, les Choans étaient peu exercés au tir, au dire du général Baratieri (2), et, dans leurs rangs aussi bien que dans les rangs italiens, on fit usage du feu de l'infanterie dans de sérieuses proportions.

Sur 10.500 hommes et 560 officiers présents à la bataille, il y eut 252 officiers et 4.316 hommes tués.

Chez les vainqueurs, les pertes furent de beaucoup supérieures. Il est vrai que l'armée de Ménélik comptait plus de 80.000 hommes. M. Elez, un Russe qui prétend avoir puisé ses renseignements aux sources abyssiniennes, accuse chez les Ethiopiens 4.000 morts et 6.000 blessés. Suivant le général Baratieri, on fait monter à 5.000 morts et à 10.000 blessés le chiffre de leurs pertes.

Cette bataille édifia l'opinion sur les effets sanglants résultant de l'emploi des armes modernes.

-----

(1) La pénurie du Trésor avait contraint le gouvernement italien à répartir la fabrication du modèle 1891 sur une période de huit années.

(2) Dans *Mémoires d'Afrique*.

Article III.

Règlements français et allemand parus entre 1884 et la guerre sud-africaine.

Entre l'apparition de la poudre sans fumée et la première guerre importante où il fut fait usage des armes nouvelles occasionnant « la mort invisible », il y a lieu de signaler les différents règlements de manœuvre mis en vigueur en France et en Allemagne.

§ 1. — *Règlement de manœuvre français de 1884. Instruction pour le combat de 1887.*

Le Règlement de 1875, dont nous avons critiqué l'esprit, n'avait que trop duré. La réaction, tardive assurément, mais inévitable, s'était enfin opérée.

Le Règlement du 29 juillet 1884, tenant compte des reproches adressés à son prédécesseur et aussi des enseignements de la guerre turco-russe, qui avait établi, une fois de plus, que la défensive passive conduisait à la défaite, déclara que le feu n'était pas le principal mode d'action de l'infanterie, mais surtout un moyen de préparer le choc, de préparer l'assaut, le but final du combat.

Son esprit nettement offensif fut encore accentué par l'*Instruction pour le combat* de 1887, qui posait catégoriquement en principe que « seule l'offensive permettait d'obtenir des résultats décisifs » et retardait le plus possible l'ouverture du feu.

§ 2. — *Règlement de manœuvre allemand de 1888.*

En Allemagne, avec le Règlement de 1888, on abandonne l'ordre serré pour donner enfin la préférence à

l'ordre dispersé. L'importance du feu de mousqueterie, depuis l'adoption des nouvelles armes, est con-
sacrée et il faut acquérir la supériorité du feu, avant
de procéder au choc final.

Ce règlement est conçu dans un esprit plus large
que les précédents.

§ 3. — *Modifications de 1889 au règlement français
de 1884. — Règlement de 1894.*

En 1889, quelques modifications à notre Règlement
de 1884, inspirées par l'esprit de celui paru en Allemagne l'année précédente, consacrent le principe de
l'initiative à tous les degrés en supprimant toute formation normale de combat.

Le Règlement de 1894 porte toujours le nom de
Règlement du 29 juillet 1884 modifié par décision du
15 avril 1894. Les changements qu'il entraîne reposent, comme il résulte de l'examen de son avant-
propos, sur une connaissance plus complète des propriétés des armes de petit calibre tirant une poudre
sans fumée. Il préconise une application plus large,
dans le combat, du principe d'initiative et insiste plus
que jamais sur la nécessité d'une forte instruction
individuelle qui est « une des conditions les plus
essentielles d'une solide armée ».

Nous verrons cet esprit d'initiative et l'importance
du soldat en tant qu'individu prendre dans les règlements actuels, à la suite des guerres récentes, une
envergure encore plus grande.

CHAPITRE II

GUERRE SUD-AFRICAINE (1899-1900)

La guerre sud-africaine tire son intérêt tout spécial
de ce fait qu'elle est la première campagne impor-

lante où il fut fait usage du fusil de petit calibre, à
tir sans fumée et à trajectoire très tendue.

Disons immédiatement que nous ne participerons
en quoi que ce soit à certaines conclusions tirées du
perfectionnement de l'armement, des effets des
feux des Burghers et de la tactique des adversaires
en présence. C'est, en grande partie, pour réfuter
ces théories contraires à notre doctrine et sapant gra-
vement les bases même de notre décret sur le service
des armées en campagne que le général Langlois
avait fait paraître ses *Enseignements de deux guerres récentes.*

Le général Bonnal a réfuté les mêmes idées (1) con-
tenues, personne ne l'ignore, dans un article ano-
nyme de la *Revue des Deux-Mondes,* du 15 juin 1902.

Article Premier.

Armements et armées en présence.

Le fusil des Boers était excellent ; c'était le mauser
modèle 1893-1895, du calibre de 7 millimètres.

Quant aux Boers eux-mêmes, exercés dès leur
jeune âge à monter à cheval et à tirer, endurcis à
toutes les intempéries, aguerris à tous les dangers par
la chasse des fauves et les luttes contre les noirs,
méprisant la mort et ayant l'esprit de sacrifice déve-
loppé à un très haut degré, ils possédaient toutes
les qualités nécessaires pour faire d'incomparables
combattants.

Seule, et c'est en grande partie la cause de leurs
défaites, la discipline leur manquait. Il ne pouvait en
être autrement, puisque chez eux il n'y avait pas
d'armée permanente. Réunis en commandos (2), ils

---

(1) Dans la *Récente Guerre sud-africaine et ses enseignements.*
(2) Groupements ayant pour base le district territorial.

les quittaient souvent à leur guise, sans même prévenir le chef qu'ils s'étaient donné de leur plein gré.

Le fusil anglais, le lee-enfield, adopté en 1895, ne valait pas à beaucoup près le mauser des Boers.

Quant au soldat anglais, mercenaire national, il a du sang-froid, de la bravoure et est bon tireur. Il est résistant mais à la condition d'être bien nourri et bien couvert ; il est discipliné mais peu débrouillard. Telle est la valeur des combattants en présence et celle de leur armement dans cette guerre qui a causé, à un moment donné, dans le monde militaire, un véritable bouleversement des idées admises jusqu'alors.

Article II.

Effets matériels et moraux des feux des Boers, tireurs d'élite.

Le fait qui domine dans les batailles de cette campagne, qui n'ont été, en somme, que des combats de feu, c'est l'habileté tout à fait exceptionnelle des Boers dans le tir individuel, « leur adresse étonnante de chasseurs au gros gibier qu'il faut tuer à balle, de chasseurs à l'affût, à l'œil perçant qui sait profiter des moindres accidents du sol. Cette qualité des Boers explique presque à elle seule les difficultés éprouvées par les Anglais pour obtenir la supériorité du feu, difficultés d'autant plus grandes qu'ils ont rarement employé les moyens nécessaires ». (Général Langlois) (1).

Mais ils n'étaient pas que des tireurs d'une précision extrême, ils savaient en outre diminuer leur vulnérabilité par un emploi fort judicieux du terrain, et protéger par un feu continu la marche des camarades

---

(1) Dans les *Enseignements de deux guerres récentes*, ouvrage dont nous nous sommes souvent inspirés dans l'étude de cette campagne.

qui se découvraient momentanément pour faire un bond.

Qu'avaient-ils devant eux ?

Des adversaires cultivant toujours, d'après les procédés anciens, les lignes de bataille et les feux de salve, des adversaires n'utilisant pas le terrain, du moins au début des opérations.

Les Anglais savaient cependant tirer ; mais, en présence d'ennemis tels que les Boers, l'efficacité de leur feu, malgré leur sang-froid inné, était bien souvent négligeable.

De Wet en donne bien simplement la raison : « Effrayés de la sûreté de notre tir, les Anglais perdirent leur sang-froid. »

Avouons que cette « sûreté de tir » était terrible, si nous en jugeons encore par le langage de de Wet : « On apercevait à peine les canons de leurs fusils, dit-il ; parfois, une tête émergeait, puis une autre, que nos Burghers attentifs ne manquaient pas. »

Le colonel de Villebois-Mareuil nous donne de nombreux exemples de cette remarquable précision du tir dans son *Carnet de campagne*. Il a été le témoin oculaire de ce qu'il narre et son récit, fait au jour le jour, ne peut être taxé d'exagération.

C'est à Maggersfontein, le 11 décembre. Le général Cronje est, ce jour-là, avant l'aube, sur un koppe de la trouée qui traverse la chaîne. « Il a sept hommes avec lui, dit le colonel, et les Anglais s'étaient avancés la nuit en sorte qu'ils espéraient atteindre la trouée avant le jour et contourner les koppes... Cependant, les casques trahirent le mouvement. Aussitôt le général Cronje ordonna à son escorte d'ouvrir le feu et pour chaque coup d'abattre un homme. La précision devint, en effet, effrayante. Le tir de ces sept hommes semblait leur donner une valeur numérique imposante. Les Anglais tombèrent les uns sur les autres avant qu'ils eussent pu se former. »

Dans un autre passage, le colonel nous dit que « c'est un principe du général Cronje de faire tirer à mort et non à la volée, chaque coup devant jeter son homme par terre, ce qui produit très vite un intense saisissement moral ».

Aussi, quelle différence consternante entre les pertes des Anglais et celles des Boers ! A propos du succès de ces derniers à Colenso (25 janvier 1900), le colonel s'exprimait ainsi : « Nous avons eu, hier soir, la confirmation du grand succès de Colenso : les Anglais définitivement repoussés, 1.200 d'entre eux tués ou blessés... les pertes des Boers seulement de 100 tués ou blessés. »

En dehors de leur habileté spéciale comme tireurs, les moyens qu'employaient les Boers dans leur défensive acharnée, pour infliger à leurs adversaires des pertes aussi considérables, étaient simples.

La fortification rapide du champ de bataille leur était familière (1). Ils agissaient également par la ruse. L'auteur de l'article de la *Revue des Deux-Mondes* auquel nous avons fait allusion précédemment nous le prouve dans son étude. Voici comment il s'exprime à ce sujet : « Leur défensive se servait surtout de tranchées, creusées soit à flanc de coteau, soit au pied des pentes et occupées par leurs meilleurs tireurs. Les crêtes, généralement parsemées de blocs de rochers donnant de bons abris, n'étaient tenues que par quelques fusils tirant de la poudre noire produisant de la fumée afin d'attirer l'attention et le feu de l'adversaire. Lorsque les Anglais, mar-

---

(1) Cependant les Boers n'aimaient pas à creuser le sol; souvent ils faisaient exécuter les travaux nécessaires par la main-d'œuvre indigène.

chant sur ce but bien visible, s'étaient suffisamment rapprochés des tranchées basses, celles-ci entraient brusquement en action et faisaient subir en quelques instants de lourdes pertes... Même à petite distance, ces tranchées étaient invisibles. »

Quant aux pertes cruelles subies par les Anglais, surtout au début de la campagne, elles ont inspiré lord Roberts qui, dès son arrivée, suivant le capitaine Fournier, « eut pour principe d'éviter les attaques de vive force : on avait appris la valeur du fusil boer, il fallait éviter de se mettre en prise avec cette arme ».

Nous assistons alors à une marche sur un front énorme, par petites colonnes. et l'armée anglaise cherche de cette façon à obtenir l'enveloppement des Boers, tout en évitant les pertes.

ARTICLE III.

Dangereuses conclusions tactiques tirées du perfectionnement de l'armement et des effets des feux des Boers.

§ 1. — *Inviolabilité du front.*

La conclusion la plus dangereuse tirée de la guerre du Transvaal par certains auteurs a été celle de l'inviolabilité du front. découlant de la puissance des armes nouvelles et de leurs effets. L'extension exagérée des fronts de combat que nous signalions à l'instant en est la conséquence.

§ 2. — *Celui des deux adversaires en présence qui se met à l'affût et attend est avantagé.*

Dès lors, comme le dit si bien le général Langlois, « la doctrine est de se faire attaquer ». C'est évidemment une excellente idée ; elle a parfaitement réussi à Cronje devant Methuen, mais lord Roberts arrivant, Cronje n'a plus été attaqué.

C'est toujours la défensive qui revient sur le tapis dès que l'armement se perfectionne, comme en 1870 avec le chassepot, et comme dans la guerre russo-turque avec les feux à longue distance.

§ 3. — *Peur de l'assaut.*

Tout se suit. La peur de l'assaut est née de cette guerre, et certains écrivains militaires ont émis aussitôt l'idée de supprimer la baïonnette, probablement parce que les Boers en étaient dépourvus. N'est-ce pas plutôt parce que ces derniers ne possédaient pas cette arme qu'ils n'ont jamais osé donner un assaut véritable, même après une victoire incontestablement gagnée par la puissance de leur tir ?

La guerre russo-japonaise saura nous dire s'il était opportun de réaliser la suppression de la baïonnette.

Ces idées de défensive, contraires aux principes de nos règlements, n'ont pas toujours trouvé leur application dans certains combats sud-africains dont l'issue, disons-le avec empressement, a toujours été avantageuse pour ceux qui ne les ont pas mises en pratique.

Citons, sans entrer dans les détails de l'action, puisque nous reviendrons plus loin sur ce fait, le retour offensif des Boers à Spion-Kop (25 janvier), dans lequel le général Botha, avec 450 hommes et sept bouches à feu, force à la retraite 3.000 Anglais qui se sont énergiquement défendus dans des tranchées.

Les Anglais ont, de leur côté, réussi dans certaines attaques de front, à Taland-Hill (20 octobre 1899), à Elandslaagt, à Pieters-Hill (27 février 1900).

Quant aux véritables enseignements tactiques qui se dégagent de la lutte sud-africaine, enseignements résultant de la puissance des nouvelles armes portatives en particulier, nous les envisagerons à la suite de la campagne de Mandchourie qui s'est déroulée dans des conditions d'armement à peu près identiques et qui offre un intérêt tactique supérieur.

ARTICLE IV.

Conclusions à tirer de la guerre sud-africaine concernant l'importance de l'instruction du tir.

Au point de vue du tir de l'infanterie, cette guerre anglo-boer est extrêmement intéressante, et retenons bien ce fait que si les Boers ont pu lutter glorieusement, malgré leur infériorité numérique, ils le doivent à leurs qualités exceptionnelles de tireurs plus qu'à leur armement.

Qu'en conclure ?

Nous connaissons les qualités innées et toutes spéciales des Boers comme tireurs. L'espoir d'arriver *a priori* à des résultats semblables à ceux qu'ils ont obtenus cacherait par suite une trop grande présomption.

Mais, en pareille occurrence, n'hésitons pas à conclure avec le général Langlois, à « l'importance de l'instruction du tir de l'infanterie ». Elle se dégage clairement de l'expérience de cette campagne qui nous a prouvé que la supériorité du feu, élément si important dans l'œuvre de la victoire, s'obtient non seulement par la quantité des fusils mis en ligne, mais encore plus peut-être par l'habileté au tir.

En outre, l'effet moral intense produit sur les Anglais par la précision du tir de leurs adversaires est à retenir.

Nous reviendrons avec de plus amples détails sur ces dernières conclusions, dans la deuxième partie de cette étude.

Article V.

L'influence de cette guerre n'a pas été suffisante pour déterminer une transformation des règlements de manœuvres en France et en Allemagne. — Conclusions de la 33ᵉ monographie du grand état-major allemand. — Note allemande du 6 mai 1902. — Règlement provisoire français.

Tel est l'aperçu bien incomplet de cette guerre qui a eu le Transvaal pour théâtre, « guerre immobile », suivant l'expression du colonel de Villebois-Mareuil.

Et cependant le mouvement n'est-il pas l'essence même de la guerre ?

Aussi, n'a-t-elle apporté que des révélations insuffisantes dans le domaine de la tactique, révélations incapables de déterminer une transformation définitive des règlements de manœuvres aussi bien en France qu'en Allemagne.

Nous ne voulons pas dire par là que la guerre sud-africaine n'a pas éveillé l'attention du monde militaire ; nous serions coupable d'une grosse erreur.

En Allemagne, son étude a été l'objet de conclusions publiées dans la 33ᵉ monographie (1) du grand état-major. Ces conclusions étaient peu différentes de celles présentées à Berlin le 5 mars 1902, par le lieutenant-colonel de Lindenau, chef de section au grand état-major, dans une conférence qui eut un grand retentissement.

Ayant donné les motifs des défaites anglaises à Maggersfontein, à Colenso, à Spion-Kop, et exposé en détail les enseignements à tirer de ces faits, il se résumait de la façon suivante : « Dans l'avenir, l'infanterie assaillante devra exploiter plus que jamais l'individualisme à outrance... L'opiniâtreté et une

---

(1) *Enseignements à tirer des guerres hors d'Europe les plus récentes (guerre sud-africaine).*

persévérance inébranlables seront plus nécessaires que l'impétuosité. On s'avancera avec une sécurité d'autant plus grande que le mouvement aura été d'avance plus froidement combiné... L'offensive conserve toute sa puissance et reste le moyen le meilleur de récolter des lauriers. »

En outre, l'année 1902 a été témoin de nombreuses expériences, exécutées en particulier sur le champ de manœuvres de Döberitz, expériences tendant à déterminer les meilleures formations à adopter pour l'infanterie sous le feu des armes modernes.

Il ne s'ensuivit aucune modification au règlement de 1888. Une simple note en date du 6 mai 1902 ordonnait à l'avenir de « ne montrer, en terrain découvert, sous le feu des armes modernes, que des lignes de tirailleurs très ténues, largement échelonnées, se déplaçant par bonds courts et imprévus de petites fractions, la ligne de feu devant se constituer petit à petit par l'arrivée successive des différents échelons ».

On sait, d'autre part, que le nouveau règlement ne date que de 1906.

En France, notre règlement provisoire, appliqué du reste dès son apparition, devait attendre pour être consacré en règlement définitif la fin de 1904. A cette époque, la campagne mandchourienne comptait déjà plus d'une demi-année d'existence.

Ce peu d'influence de la guerre du Transvaal sur la tactique n'est pas de nature à provoquer l'étonnement.

Comme nous l'avons fait remarquer plus haut, elle a surtout été une guerre de feu.

Enfin, l'organisation presque anormale de l'armée anglaise, armée de métier, et ses procédés tactiques bien peu modernes ; la faiblesse des effectifs des Burghers dont l'armée était, en outre, dépourvue de discipline et de cohésion, parce que non permanente ; le théâtre de la guerre trop différent de celui que nous pouvons avoir en Europe : telles sont les causes pour lesquelles, malgré ses nombreux enseignements, cette guerre ne peut être traitée de guerre vraiment moderne.

Elle n'était donc pas de nature, comme le disait le capitaine Gilbert (1), « à éclairer d'une bien vive lumière les mystères des guerres à venir ».

CHAPITRE III

GUERRE RUSSO-JAPONAISE (1904-1905)

Article Premier.

Considérations générales. — Armements en présence.

Tout autre devait être la guerre russo-japonaise de 1904-1905, aussi bien au point de vue de l'évolution du feu de l'infanterie qu'à tous autres points de vue.

Dix ans auparavant, un des écrivains les plus remarquables de l'armée italienne, le lieutenant-colonel Cornara (2) disait : « Bien plus encore que les dernières campagnes, la prochaine guerre qui éclatera entre les armées de deux grandes nations sera féconde en enseignements. Jamais, en effet, autant que dans ces derniers temps, les perfectionnements apportés aux armes de guerre, portatives ou autres, n'avaient été aussi considérables. »

C'est bien le cas de la guerre de Mandchourie, et si la parole du lieutenant-colonel Cornara était vraie en 1894, elle devait l'être davantage encore en 1904,

---

(1) Dans *Guerre sud-africaine*, œuvre posthume.
(2) Dans *Considérations techniques sur les transformations de l'armement moderne.* (Conférence aux officiers de la garnison d'Alexandrie.)

en raison des progrès croissants de l'activité humaine.

Cette campagne est incontestablement une mine inépuisable d'enseignements pour les armées du xx° siècle, car, sans parler de la constitution toute moderne des armées en présence, avec la grande proportion de réservistes existant dans leurs rangs, elles eurent à leur disposition les engins les plus perfectionnés de la science de tuer moderne. Ce dernier point offre un intérêt tout spécial dans l'étude que nous avons entreprise.

Les Japonais étaient armés du fusil Arisaka, modèle 1897, du calibre de $6^{mm},5$. C'est une arme très moderne, dont la valeur balistique est supérieure à celle de notre lebel tirant la cartouche M, mais inférieure au même fusil tirant la cartouche D.

Les Russes avaient entre les mains le modèle 1891 dû au colonel Mossine. Cette arme, du calibre de $7^{mm},6$ a une valeur équivalente à la nôtre tirant la cartouche M.

On peut donc se permettre de considérer l'armement des deux infanteries en présence comme se valant, à peu de chose près.

Dans les deux camps, quels caractères a revêtus le feu de l'infanterie ?

Les nombreux ouvrages concernant la campagne de Mandchourie parus jusqu'à ce jour nous donnent des renseignements de nature à nous éclairer sur son compte. Nous envisagerons, d'une façon plus approfondie dans cette guerre que dans les précédentes, son emploi, la conduite qui lui a été imprimée, la consommation des munitions, enfin les effets matériels et moraux du feu, non seulement en raison de son importance actuelle, mais encore par suite de sa portée sur les considérations émises dans la deuxième partie de ce travail.

Article II.

Emploi et conduite du feu de l'infanterie chez les Japonais et chez les Russes.

§ 1. — *Ouverture du feu.*

Côté japonais.

Offensive. — Il est impossible d'établir des règles fixes touchant l'ouverture du feu de l'infanterie japonaise.

Elle agit selon les circonstances.

A ce propos, il est nécessaire de rappeler une des particularités du théâtre de cette guerre pendant l'été.

Elle est signalée par de nombreux auteurs et, en particulier, par le capitaine Niessel (1). Des cultures très étendues de gaolian, sorte de millet dont les tiges atteignaient plus de deux mètres de hauteur et masquaient toutes les vues, ont souvent permis aux Japonais de dissimuler leurs préparatifs d'attaques ou de recevoir avantageusement les mouvements offensifs des Russes.

Voilà pourquoi, pendant l'été 1904, l'infanterie japonaise, à la faveur de ce masque, a pu arriver en certains points à 400 mètres seulement des Russes, sans brûler une cartouche, et n'ouvrir le feu qu'à cette distance.

Au mois d'octobre, dans les plaines du Cha-Ho, les récoltes étaient coupées et il a fallu préparer les attaques de plus loin. En général, le feu était ouvert aux environs de 1.200 mètres.

Le 11 octobre, les troupes de la 3° division japonaise, qui attaquent Nankwantoun et Entelminlou, ouvrent le feu à 1.200 mètres. Le lendemain, les uni-

---

(1) Dans *Enseignements tactiques découlant de la guerre russo-japonaise.*

tés postées pendant la nuit dans des tranchées établies au nord du village de Sidokanko, face à Souliho, ouvrent le feu à 1.000 mètres sur ce village. La fusillade continue pendant toute la matinée à cette distance. Dans les opérations autour de Moukden, le 3 mars, nous voyons un bataillon de la brigade Otami (10ᵉ division) partir des tranchées au nord de Poutsaova et se diriger sur Liousientoun. En dépit des shrapnells russes et de feux de salves, il est vrai peu meurtriers, deux compagnies de ce bataillon, progressant peu à peu, arrivent en terrain plat et presque découvert à 800 mètres au sud de Liousientoun, sans ouvrir le feu. Arrivées à ce point, elles entament la fusillade sur leurs adversaires.

Pendant la même bataille, deux jours auparavant, les troupes de la 8ᵉ division qui enlevèrent Chantang ouvrirent le feu à 600 mètres. Ajoutons que la position avait été occupée pendant la nuit et les points d'attaque reconnus depuis un mois.

Quelquefois, mais rarement, le feu a été ouvert aux environs de 1.500 mètres.

Ainsi, d'une manière générale, on est autorisé à dire avec le général Lombard, qui a suivi la guerre du côté des Japonais, que « l'infanterie japonaise n'a ouvert le feu que le plus tard possible et lorsqu'elle ne pouvait plus avancer sans tirer. Par suite, la distance à laquelle le feu a été ouvert dans l'offensive a beaucoup varié suivant le terrain et les circonstances de l'engagement ».

Défensive. — Dans la défensive, l'infanterie japonaise n'ouvrait ordinairement le feu qu'une fois l'ennemi arrivé à bonne portée, c'est-à-dire vers 500 ou 600 mètres. Elle cherchait alors à produire au plus vite un effet matériel et moral considérable.

La nuit, le feu a servi souvent à repousser les attaques et était ouvert à 100 ou 150 mètres.

Côté russe.

Offensive. — Vers 1.100 ou 1.200 mètres, quand le tir commençait sur la chaîne et dans la progression du mouvement en avant, les Russes ont employé un véritable feu à volonté dans lequel chaque homme tirait comme il l'entendait sur l'ennemi qu'il avait en face de lui. L'intensité de ce tir variait avec celle du feu de l'adversaire.

Le rapport des officiers (1) de la 35ᵉ division russe insiste sur un fait que notre règlement de manœuvres avait su prévoir : « Si le but se trahit de lui-même par un faux mouvement ou une fausse manœuvre, il faut vivement en profiter avant que l'ennemi ait réparé sa faute en se dispersant. Pour cela, le seul moyen efficace est le feu par paquets (2), les salves demandent trop de temps. »

Nous retrouvons là, n'est-il pas vrai, l'indication de nos rafales « courtes et violentes » et du feu à cartouches comptées préconisés par le règlement de 1904.

Défensive. — Dans la défensive, les Russes ont obtenu leurs meilleurs résultats en attendant silencieusement que l'assaillant fût à 400 mètres et même à 300 mètres. A ce moment, ils commençaient leurs salves et ils ont presque toujours repoussé les attaques des Japonais qui débouchaient par lignes successives et dont le courage et l'audace ne sont plus à dire. C'est le général Sylvestre lui-même, qui a suivi la campagne du côté russe, qui donne ce dernier détail.

---

(1) C'est le lieutenant-colonel Neznamov, chef d'état-major de la 35ᵉ division (XVIIᵉ corps) qui donne ces détails.
(2) Paquets de 15 cartouches.

Le rapport russe que nous citions à l'instant traite,
en outre, la question des feux à grande distance en
ces termes : « A la distance de 1.800 à 1.400 mètres,
le tir par salves sur des colonnes avec une bonne
détermination des distances donne déjà de bons résultats, surtout au point de vue moral. L'ennemi subit
des pertes de la part d'un adversaire qu'il ne voit
généralement pas. »

§ 2. — *Supériorité du feu. — Appui du mouvement
en avant par le feu. — Zone efficace des feux.*

Obtenir la supériorité du feu à tout prix, dès le
début de l'action, en mettant en ligne le plus grand
nombre de fusils possible, quand ils ne peuvent plus
progresser sans ralentir ou éteindre le feu de l'adversaire ; exécuter un feu très nourri chaque fois qu'il
y a lieu de préparer la marche en avant dans la zone
efficace des feux de l'ennemi : voilà des principes
solidement établis et appliqués chez les Japonais.

Toutefois, pour obtenir cette supériorité du feu, ne
faut-il pas avoir, au préalable, sur la force de l'objectif ennemi, des renseignements de nature à dicter
la décision à prendre ! En l'espèce, quelle donnée,
même approximative, aura-t-on sur un adversaire ca-
ché, invisible et tirant avec une poudre ne fournissant
aucun indice révélateur de sa force, voire même de sa
présence ?

Les pertes subies, le plus ou moins de difficulté
qu'on rencontrera à maintenir la discipline du feu et
du rang, le moral du moment du combattant, telles
seront les seules indications qu'un chef aura à sa disposition pour résoudre sur-le-champ, sans tarder, au
milieu des émotions de la lutte, cet important problème.

Le règlement de manœuvres allemand de 1906 prétend qu'on « reconnaît qu'on a acquis la supériorité du feu à la diminution du feu de l'adversaire ou à ce que ses coups sont dirigés trop haut » (art. 336).

Puisque nous avons agité plus haut cette question de la zone efficace des feux, rappelons que la distance efficace du feu de l'infanterie, qui n'était que de 200 mètres en 1860, est passée, du moins en France, à 400 mètres en 1867 avec le chassepot. Puis de 600 mètres avec le fusil 1874, elle a atteint aujourd'hui 1.000 mètres et même davantage.

Le capitaine Soloviev (1), qui a fait la campagne de Mandchourie, nous renseigne à ce sujet en déclarant « qu'à partir de 2 kilomètres, les pertes causées par le feu de l'infanterie commencent à devenir sensibles, et, à partir de 1 kilomètre, le feu atteint une puissance énorme ».

De plus, nous verrons bientôt que, dans le combat rapproché, les résultats du feu, se ressentant de la nervosité des tireurs, ne s'améliorent pas, tant s'en faut, avec la diminution de la distance qui sépare les adversaires.

Il s'ensuit que la zone efficace des feux est comprise aujourd'hui entre 400 et 1.200 mètres environ.

§ 3. — *Divers genres de feu employés.*

Pour les Russes, chez qui l'instruction du tir était insuffisante, la direction et la conduite des feux se bornaient à l'exécution correcte, du moins en principe, des feux de salve, que l'on considérait comme le meilleur moyen d'empêcher le gaspillage des munitions et de maintenir la discipline. Et cependant, l'empereur Napoléon, à une époque où le feu avait une bien petite importance, disait (2) : « Il n'y a de

---

(1) Dans *Impressions d'un chef de compagnie.*
(2) Extrait des *Maximes et Pensées de l'Empereur Napoléon Ier.*

feu praticable devant l'ennemi que celui à volonté,
qui commence par la droite et la gauche de chaque
peloton. »

D'ailleurs, malgré eux, le feu de salves dégénérait
immédiatement chez les Russes en feu à volonté dé-
sordonné.

Ils ont employé également le feu par paquets.

Quant aux Japonais, leur salve était analogue à
celle de notre règlement actuel. S'ils en ont usé, elle
devait être beaucoup plus efficace que celle des Russes qui, comme notre ancienne salve, était simultanée
pour tous les fusils. Le général Lombard assure qu'il
ne leur a jamais vu employer ce genre de feu. Ils
savaient, sans doute, que les Allemands, en 1870,
avaient surtout fait usage du feu à volonté, même
contre les troupes inexpérimentées de nos armées de
province.

Bref, un feu à volonté violent, exécuté très vite et
dans lequel ils semblaient dépenser leurs munitions
sans compter, était leur mode de tir habituel dans le
combat d'infanterie, surtout aux courtes et aux
moyennes distances.

§ 4. — *Discipline du feu. — Réglage du tir.*

Chez les Japonais, le silence régnait habituellement, au dire du général Lombard, et la discipline
du feu était bien observée.

Nous avons vu que, dans l'armée russe, le feu à
commandement dégénérait très rapidement en feu à
volonté. Le capitaine Soloviev nous l'avoue lui-même
en constatant que « la direction du feu pendant le
combat est devenue une chose très difficile. Les hommes ont une forte tendance à ouvrir le feu dès qu'ils
sont couchés, même sans attendre l'ordre de tirer, la
désignation des buts, l'indication de la hausse et le
genre de feu ».

Enfin, le réglage du tir par l'observation des points de chute a pu se pratiquer quelquefois dans des conditions de terrain favorables.

ARTICLE III.

Consommation des munitions.

Nous ne sommes plus au temps où les soldats de la vieille garde faisaient une campagne avec 25 cartouches dans leur giberne.

La violence du tir des Japonais devait les amener à une consommation considérable de cartouches. Il en est résulté de sérieuses difficultés de ravitaillement et certaines fractions, particulièrement après des feux de poursuite, n'ayant plus de munitions, se sont vues dans l'impossibilité de pousser à fond un succès. Cependant, le fantassin japonais, souvent débarrassé de son sac avant le combat, recevait jusqu'à 200 cartouches ; ce fait est relaté dans tous les récits de la campagne.

Bien plus que les Japonais, dont la tendance marquée à progresser sans tirer ne peut échapper à personne, les Russes ont donné des exemples de consommation énorme de cartouches.

Le capitaine Niessel assure, avec preuves à l'appui, que pendant les journées des 11 et 12 octobre (batailles du Cha-Ho) le 9ᵉ régiment de la brigade Zachtchouk a brûlé 400 cartouches par homme.

Nombreux sont les cas où elles ont manqué. Pour obvier à un semblable inconvénient, il a fallu, dans les troupes de Sibérie, affecter au train de combat toutes les voitures à cartouches à deux roues de chaque régiment.

Involontairement, car ce serait contraire aux principes actuels relatifs à la vitesse du tir, on est tenté de se demander, avec le capitaine Soloviev, s'il ne vaudrait pas mieux tirer plus lentement, mais avec plus de discernement et de précision. Mais se ravisant immédiatement, cet officier n'hésite pas à déclarer que « les conditions du combat actuel où l'adversaire est, la plupart du temps, littéralement invisible, obligent à chercher l'effet par la masse des balles et à couvrir une surface donnée d'une pluie de balles. C'est cette masse de munitions consommées qui doit compenser le défaut de justesse ».

Il convient d'ajouter que si, dans les deux partis, certains régiments ont fait une grande dépense de cartouches, d'autres corps, au contraire, ont très peu tiré.

Sans toutefois atteindre de semblables proportions, la consommation des munitions depuis l'adoption des armes à tir rapide était devenue sérieuse, destinée qu'elle était à progresser sans cesse.

Les Allemands qui, en 1866, avaient dépensé 2 millions de cartouches, sont arrivés, en 1870, au chiffre de 25 millions. Dans les combats autour de Metz, beaucoup de nos régiments engagés en première ligne ont brûlé dans leur journée les 90 cartouches portées par chaque fantassin.

Pendant l'expédition du Tonkin, les compagnies d'infanterie de marine ont dépassé quelquefois le chiffre de 200 cartouches par homme dans un combat de deux heures. Et c'est un total de 150 par homme en une demi-heure que certains jours, au Dahomey, la compagnie de la légion étrangère devait atteindre.

On se plaisait à citer de tels faits parce qu'ils étaient exceptionnels. Dans le combat moderne, de semblables consommations de munitions seront sinon normales, du moins fréquentes pour certaines unités. Une sage économie dans les périodes normales de combat s'imposera d'elle-même ; elle seule permettra de dépenser sans compter dans les moments de crise.

Nous ne savons pas exactement pour quels motifs les Japonais n'ont pas entrepris la poursuite des Russes après la victoire de Liao-Yang, mais la pénurie des munitions doit en être une des causes.

Dans tous les cas, le projet du nouveau règlement de manœuvres de l'infanterie japonaise ne néglige pas cette question et recommande de « ne tirer que lorsque les résultats doivent être efficaces, car toute consommation de munitions diminue la puissance combative de la troupe ».

La question du ravitaillement en munitions, conséquence de la violence et de la vitesse du tir actuel de l'infanterie a, par suite, acquis de nos jours une importance considérable ; pour éviter de grands déboires, il y a lieu de la régler dès le temps de paix avec le plus grand soin.

Le commandant Meunier, dans son étude détaillée sur la guerre de Mandchourie, estime qu'en portant à 200 le nombre des cartouches de la ligne de feu, et à 150 celui des parcs de corps d'armée, l'approvisionnement sera suffisant pour deux jours de combat.

ARTICLE IV.

Effets des feux.

§ 1. — *Effets matériels. — Pertes.*

L'idée fut souvent émise au xixe siècle que les batailles deviendraient de moins en moins sanglantes avec les perfectionnements apportés aux engins de destruction. Les Éthiopiens, au cours de l'expédition des Italiens en Erythrée, n'appelaient-ils pas inconsidérément le fusil Carcano « le fusil qui ne tue pas » ?

Avec les preuves à l'appui, puisées dans les combats qui se sont déroulés depuis la Révolution jusqu'à la guerre russo-turque de 1877-1878, cette loi de décroissance était établie et l'idée semblait prendre une réelle consistance. Les chiffres étaient exacts, c'est incontestable et relativement au nombre d'hommes engagés, les batailles d'autrefois avaient un caractère plus meurtrier que celles de la guerre de 1870, par exemple.

Quant à l'explication de ce phénomène qui, *a priori*, semble paradoxal, elle réside dans ce fait que les effets de destruction sont en rapport avec la résistance des armées en présence et avec leurs procédés de combat bien plus qu'avec les perfectionnements apportés à l'armement.

Cette loi de décroissance aurait-elle un caractère durable ?

Subirait-elle, au contraire, une modification radicale ?

La guerre russo-japonaise devait, sans ambiguïté, trancher cette question.

D'après le commandant Meunier (1), il y eut 80.387 (2) morts dans l'armée japonaise, c'est-à-dire presque le double des pertes allemandes en 1870 (43.182), sans oublier plus de 170.000 blessés.

Les Russes comptaient 15.000 tués et 110.000 blessés. Une semblable disproportion entre les pertes des deux adversaires nous édifie sur celles des vainqueurs comparées à celles des vaincus. Celles-ci diminuent de plus en plus et il apparaît nettement que, dans beaucoup de cas, le vaincu échappe aujourd'hui plus facilement qu'autrefois aux étreintes du vainqueur.

---

(1) Dans *La guerre russo-japonaise, Historique, Enseignements.*
(2) D'après le bureau de statistique du ministère de la guerre japonais (commandant Meunier).

Le perfectionnement des armes de jet et l'augmentation des distances de combat qui en est la conséquence lui procurent cet avantage.

Il n'en était pas de même jadis, quand on se battait à l'arme blanche. Comme le dit le général Langlois, « le vaincu qui tournait le dos était perdu ». Aussi, dans les combats antiques, contrairement à ce que nous constatons aujourd'hui et à ce que nous avions déjà constaté dans la guerre sud-africaine, les pertes des vaincus étaient-elles hors de proportion avec celles des vainqueurs.

Quels sacrifices l'offensive, seule dispensatrice de la victoire, ne réclame-t-elle pas de nos jours !

C'est une réflexion qui s'impose.

Toutes les statistiques médicales établies depuis que les armes à feu jouent un rôle important dans le combat et spécialement celles établies après la guerre de 1870-71 prouvent que les quatre cinquièmes des pertes sont causées par la fusillade, l'autre cinquième par le canon et l'arme blanche.

Cette proportion a été dépassée, mais bien faiblement il est vrai, à l'avantage du fusil en Mandchourie, où il a causé environ 85 p. 100 des pertes.

Ces résultats sont suffisamment probants par eux-mêmes, sans qu'il soit besoin d'y ajouter quoi que ce soit.

§ 2. — *Effets moraux.* — *Physionomie de la lutte.* — *Diminution de l'efficacité du feu aux petites distances.*

Toutefois, s'il faut compter avec les effets matériels du feu de l'infanterie, il devient nécessaire de compter plus que jamais avec ses effets moraux (1),

---

(1) Que dirions-nous de l'effet moral produit par le tir de l'artillerie, si nous nous en occupions dans cette étude. M. Réginald

effets qui donnent au combat moderne une physionomie nouvelle et dont l'importance ne peut être mé-
connue.

Le capitaine Soloviev a décrit de main de maître
la psychologie du combat. Écoutons-le : « La première caractéristique du champ de bataille actuel,
c'est qu'on a affaire à un ennemi qu'on ne voit pas.
Quand, à Yantaï, je me trouvai pour la première fois
dans un combat, étant déjà avec ma compagnie sous
un feu violent de balles et de schrapnells, je ne pou-
vais déterminer que par le sifflement des balles la
direction approximative d'où tirait sur nous un ennemi invisible... Il est évident que cet inconnu provo-
que un état pénible d'incertitude et de défiance. »
Nous retrouvons bien là ce vide du champ de bataille
auquel, dans sa prévoyance, le général Maillard faisait allusion, il y a plus de vingt ans, quand il disait :
« A la guerre, on ne voit rien... Nous ne verrons
rien. »

Bien plus, on a l'impression que l'air est littéralement rempli de balles : « Leur sifflement plaintif
dans l'atmosphère, dit le capitaine Soloviev, fait
comme un gémissement d'ensemble, en haut, en bas,
de tous les côtés à la fois (1) ».

Une autre particularité des batailles de Mandchourie, bien déprimante pour le moral des combattants,
est caractérisée par la grande portée à laquelle on

Kahn, auteur du *Journal d'un correspondant de guerre en Extrême-
Orient*, rapporte les paroles du colonel japonais Nagata, commandant à Liao-Yang l'artillerie de la 5e division : « L'effet matériel
sur l'ennemi, disait le colonel, est presque négligeable. Ne croyez
pas pourtant que nous ayons vidé nos caissons en pure perte :
l'effet moral produit a été considérable pour l'ennemi et pour nos
propres troupes. Soyez persuadé que les nerfs des défenseurs,
forcés de se terrer derrière les parapets à chacune de nos salves,
ont été fortement secoués après un jour et demi de cet exercice, et
que la précision de leur tir s'en est ressentie. »

(1) Dans *Impressions d'un chef de compagnie*, où nous avons
pris toutes les autres citations du capitaine Soloviev.

subit les effets du feu aussi bien d'infanterie que d'artillerie.

A partir de 2 kilomètres, il y a lieu de compter les effets de la fusillade ; ils sont déjà sensibles. Or, une troupe placée dans des conditions telles qu'elle reçoit des coups très éloignés sans pouvoir les rendre, car elle ne voit rien, qui, par suite, subit des pertes sans pouvoir en infliger à son adversaire et cela quelquefois pendant plusieurs heures, éprouve de ce fait un profond abattement physique et surtout moral.

Cette mentalité du soldat au milieu de la lutte nous est donnée d'une manière saisissante par le capitaine Krasnov auquel nous emprunterons ces lignes impressionnantes : « Au sifflement des premières balles, dit-il, quelque chose se détraque dans la tête et il semble que le jour s'obscurcit... Les balles continuent à siffler par dizaines, par centaines. On ne remarque pas qui est blessé ; seulement, le nombre des soldats qui restent silencieux et immobiles, comme figés, va sans cesse en augmentant. On évite de les regarder. Les conversations et les plaisanteries ont cessé. Les visages deviennent plus pâles... L'ordre de prendre l'offensive est arrivé... De plus en plus souvent des corps restent couchés sur le terrain, ou des blessés s'en retournent ou s'écartent vers un flanc. Il semble que, sous cette pluie de plomb, il est impossible de se tenir debout et de progresser... On sent que ces petits morceaux de plomb sont capables de briser tout ce qu'ils rencontrent. Les visages sont mortellement pâles, les mouvements saccadés. »

L'impression physique et morale considérable qui résulte d'une semblable situation, s'accroît chez les combattants avec la violence du feu et augmente de plus en plus à mesure que la distance qui les sépare diminue.

Aussi, malgré la supériorité de la race jaune sur la race blanche à dominer ses nerfs, le Japonais, suivant le général Lombard, subit-il « à courte distance de l'ennemi, sous un feu violent, la crise qu'éprouve tout être humain quand il est soumis à une semblable épreuve ». Il ne peut plus apporter de soin, quoi qu'il fasse, dans sa façon de tirer et malgré lui sa discipline se relâche. Il devient, en conséquence, méconnaissable, ce soldat qui, aux grandes et aux moyennes distances, « vise toujours avec attention », comme l'a constaté personnellement le général Lombard.

A fortiori, les Russes participaient-ils en tous points à de semblables impressions avec leurs inévitables conséquences.

Les officiers de la 35e division, dans le rapport cité précédemment, caractérisent brièvement ce combat rapproché et ses effets dans une image intéressante : « A mesure que les deux partis se rapprochent, le nombre des buts distinguables augmente, la nervosité croît et le feu atteint une effroyable intensité, le crépitement de la masse des coups tirés rappelle le bouillonnement d'une chaudière gigantesque. »

L'efficacité du tir dans le combat rapproché, aussi bien de la part de l'assaillant que du côté de la défense, diminue par conséquent dans de notables proportions. Le capitaine Niessel assure même que lorsque l'assaillant est arrivé à une distance du défenseur « variant de 150 à 75 pas, le feu de ce dernier devient absolument inefficace (1) ».

Toutefois, la dernière position de feux ne s'est pas éloignée ; elle s'est même plutôt rapprochée, malgré

---

(1) C'est l'idée qu'émettait le prince Charles (celui de 1870) dans *Art de combattre l'armée française*, quand il disait : « Le danger d'être atteint par les coups de fusil diminue à mesure qu'on se rapproche de l'ennemi, et finit par cesser presque tout à fait. »

le paradoxe que semble constituer cette idée, comparée à la précédente. L'expérience a montré qu'il n'était pas possible de se lancer à la baïonnette à 150 pas de la position ennemie, et le capitaine Soloviev a pu constater lui-même qu' « actuellement, la dernière position n'est ordinairement qu'à quelques dizaines de pas de l'adversaire... ; quelquefois, on est couché les uns en face des autres, à 15 ou 20 pas, jusqu'à ce que quelques vaillants bondissent des rangs en criant et se ruent sur les tranchées de l'ennemi ».

ARTICLE V.

Conclusion relative à la comparaison des effet matériels et moraux produits par les armes à feu portatives tirant une poudre à fumée et une poudre sans fumée.

Bref, il était inévitable qu'avec l'emploi des engins meurtriers actuels, les phénomènes de dépression psycho-physique déjà constatés en 1870-1871 et en 1877-1878 prissent des proportions aussi considérables que celles que nous venons d'établir.

Quant aux pertes matérielles (1), relativement aux pertes totales, elles sont sensiblement les mêmes aujourd'hui que celles obtenues antérieurement avec les armes à feu portatives (2) tirant une poudre à fumée.

Il y a donc lieu de faire ressortir, d'une façon toute particulière, l'accroissement énorme de l'effet moral produit de nos jours par le feu « invisible » de l'infanterie.

Ce caractère nouveau apparaît nettement : il joue un rôle considérable dans le combat moderne.

---

(1) Toutes choses égales d'ailleurs.
(2) A tir rapide, se chargeant par la culasse.

DEUXIÈME PARTIE [1]

De l'évolution actuelle du feu de l'infanterie

CHAPITRE PREMIER

ENSEIGNEMENTS ET CONSÉQUENCES TACTIQUES

Les enseignements découlant de la guerre anglo-boer et plus spécialement de la campagne de Mandchourie, joints à quelques exemples puisés à cette source, nous serviront à préciser les lois actuelles de l'évolution tactique résultant de la puissance croissante du feu de l'infanterie, lois auxquelles notre règlement de manœuvres de 1904, cité dans les différents cas, fournira en dernier ressort la sanction de son autorité.

Il pourra être intéressant de se reporter pour chaque point envisagé aux prescriptions correspondantes des nouveaux règlements allemands et japonais (2). Toutefois, notre intention n'étant pas, en cette occurrence, d'établir de comparaison entre ces trois règlements, nous nous bornerons à les citer sans faire ressortir les nuances qui peuvent les différencier.

---

(1) Cette deuxième partie a paru dans la *Revue d'Infanterie* (numéros du 15 septembre et du 15 octobre 1910).

(2) *Projet du nouveau règlement de manœuvre de l'infanterie japonaise* (traduction du commandant PAINVIN).

Article Premier.

**Difficulté croissante de la prise de contact. — Nécessité
des détachements mixtes ou de couverture.**

L'invisibilité et la rapidité du tir de l'infanterie, sa grande portée, rendent plus difficile et plus délicate que jamais la prise de contact.

Il faut cependant à tout prix être renseigné et en temps voulu.

Cette mission, la cavalerie ayant désormais beaucoup de peine à l'accomplir seule, l'infanterie et l'artillerie devront être employées aussi bien à explorer qu'à combattre.

La nécessité s'imposait, en conséquence, de constituer des détachements de toutes armes pour servir à la prise de contact.

Autrefois, la portée inférieure des armes aurait permis à l'ennemi d'atteindre rapidement et avec facilité de semblables détachements. La dissimulation de leur faiblesse eût été un mythe.

L'armement actuel leur permet ce qui leur était impossible antérieurement. Précédant les avant-gardes, ils peuvent, en manœuvrant adroitement, forcer l'ennemi à prendre des dispositions prématurées et à engager des forces supérieures. Ce résultat atteint, ils se dérobent pour recommencer en arrière.

Au Transvaal, quand le général Cronje voulut avoir des renseignements précis sur la marche du général Methuen, il envoya en avant de son front vers Belmont et Enslin (novembre 1899) des détachements de ce genre, qui ont ralenti sensiblement la marche des Anglais et leur ont infligé de fortes pertes.

Par de semblables procédés, de Wet, sur la Riet,

n'a-t-il pas sérieusement inquiété lord Roberts (avril 1900) ?

En Mandchourie, les Japonais en ont fait un usage constant. Pendant la bataille de Nachan (26-27 mai 1904), la II⁰ armée s'est couverte vers le nord de cette façon.

C'est ainsi également que les Iʳᵉ et IVᵉ armées se sont couvertes, en juin et juillet 1904, contre les tentatives de la cavalerie cosaque qu'elles ont trompée à leur gré.

Quant aux Russes, ils ont usé largement de ces détachements mixtes, mais leur passivité habituelle ne leur a pas permis d'en tirer les mêmes avantages que leurs adversaires.

Ce sont, en un mot, les détachements de couverture préconisés depuis longtemps par le général Langlois, et dont l'emploi est sanctionné par notre Règlement de manœuvres de 1904 à l'article 271 : « La puissance et la rapidité du tir, l'usage de la poudre sans fumée, procurent à l'infanterie une force de résistance qui compense, dans une certaine mesure et pour un temps donné, son infériorité numérique. De petites unités d'infanterie (bataillons et même groupes de compagnies) éclairées par la cavalerie, soutenues par l'artillerie, sont en état de rendre les plus utiles services dans les opérations confiées aux détachements. »

Ces détachements, dit le Règlement, « reçoivent fréquemment la mission de fournir des renseignements sur les forces ennemies..., ils opèrent à distance, tantôt en avant de l'avant-garde ou des avant-postes, tantôt sur les flancs ».

Pour épuiser ce sujet particulier, nous ajouterons que la puissance actuelle de l'arme portative, donnant la possibilité d'assurer la protection d'une force donnée d'artillerie avec moins de fusils qu'autrefois, augmente de ce fait la capacité en canon d'une troupe d'infanterie.

On conçoit aisément que cette conséquence soit avantageuse pour les détachements mixtes.

Art. II.

Difficulté des attaques, de l'attaque frontale en particulier

LEUR POSSIBILITÉ EN EMPLOYANT LES MOYENS VOULUS

La puissance actuelle du feu de l'infanterie adverse n'est pas de nature à faciliter la progression du fantassin, qui ne peut qu'en partie protéger par son feu sa marche d'approche.

Quant à celui qui subit l'attaque, il est abrité et peut d'autant plus efficacement concentrer ses feux sur son adversaire encore éloigné qu'il aura tout son moral.

Autrefois, nous entendons parler du temps où l'arme lisse portait efficacement à 200 mètres, rien ne pouvait militer en faveur de la défensive, puisque la crainte de subir l'assaut d'un ennemi résolu naissait déjà chez le défenseur au moment et même avant le moment où il pouvait utiliser la portée de son arme. Or, nous connaissons la valeur à attribuer au feu, quand l'émotion règne en maîtresse. La conclusion est simple.

Mais nous n'en sommes plus là aujourd'hui et cependant il faut, comme autrefois, attaquer à tout prix ; à tout prix, toute idée de défensive passive doit être écartée.

Quels procédés exige donc de nous, chefs et soldats, la puissance formidable des engins actuels, pour que malgré eux d'une part, et d'autre part en les utilisant, nous puissions amener le plus de monde possible à distance d'assaut et aborder ensuite l'ennemi à la baïonnette ?

Il faudra appuyer et protéger le mouvement en avant par le feu du fusil (1) et acquérir dès le début la supériorité du feu sur l'ennemi.

Il faudra manifester de puissantes forces morales.

Il faudra enfin utiliser le terrain d'une façon intense.

§ 1er. — *Supériorité du feu sur l'ennemi. Appui du mouvement par le feu.*

A coup sûr, le feu de l'assaillant, intelligemment conduit, employé judicieusement et avec opportunité et exécuté avec précision et rapidité par des tireurs de guerre solidement instruits devra, dans de telles conditions, acquérir sur celui de l'ennemi la supériorité, élément précieux sinon indispensable pour progresser particulièrement en terrain découvert.

A Spion-Kop (25 janvier 1900), n'avons-nous pas vu le général Botha, avec 450 hommes, forcer à la retraite 3.000 Anglais retranchés et qui s'étaient courageusement défendus, grâce à la supériorité du feu des Boers, tireurs d'élite !

Quant aux Japonais en Mandchourie, à part quelques exceptions que nous n'allons pas tarder à signaler, ils ont, en règle générale. toujours appuyé leurs mouvements en avant par le feu de leur infanterie, sans parler de celui de l'artillerie. Leur consommation inouïe de munitions le prouve surabondamment.

---

(1) Et aussi par celui de l'artillerie, car l'infanterie, sans l'aide de l'artillerie, ne pourrait normalement suffire à remplir cette double tâche qui consiste à obtenir et conserver la supériorité du feu et à gagner du terrain en avant.

Voilà pourquoi notre Règlement stipule nettement à l'article 241 (1) ce qui suit : « Les deux moyens de lutte de l'infanterie sont le feu et le mouvement en avant. Le feu est l'élément de préparation, le mouvement en avant est l'élément d'exécution... Le mouvement en avant seul est décisif et irrésistible ; mais il ne l'est que lorsque le feu efficace, intense, lui a ouvert la voie. »

Règlement allemand. — Dans l'instruction du peloton, il est dit : « Le chef de peloton doit toujours être pénétré de cette idée que le meilleur moyen pour progresser est d'acquérir la supériorité du feu. » (Art. 170.) Et dans les procédés d'attaque : « Le point essentiel est, en général, d'acquérir la supériorité du feu. » (Art. 336.)

Règlement japonais. — « Les procédés de combat de l'infanterie sont le feu et le choc. Le choc est absolument nécessaire pour amener la décision, et le feu joue le plus grand rôle pendant le cours de l'action. » (Art. 188.)

Un autre passage est ainsi conçu : « Il est d'une importance capitale d'entretenir un feu supérieur à celui de l'ennemi, dans le but de briser la résistance de ce dernier et de faciliter la marche offensive. » (Art. 239).

§ 2. — *Manifestation de puissantes forces morales.*

Mais cette supériorité du feu une fois acquise ne suffira pas, bien souvent, pour venir à bout d'un ennemi acharné. La nécessité s'impose pour l'assaillant de posséder des forces morales développées à l'infini. Au chef et au soldat, il faudra une abnégation, une énergie et une volonté de fer pour mépriser les

____

(1) C'est d'ailleurs la reproduction de l'article 134 du décret sur le service en campagne.

effets terribles des engins actuels et avancer quand
même.

A Spion-Kop, les Boers ont manifesté ces qualités
au plus haut degré ; aussi ont-ils perdu 44 p. 100
de leur effectif. Le canon manquait, l'attaque a réussi
à coups d'hommes.

Cette supériorité morale, les Japonais l'ont poussée,
en Mandchourie, à un point qui a suscité l'admiration
du monde entier.

Quelle audace, quel mépris de la mort n'ont-ils pas
manifestés, quand on pense qu'ils ont exécuté certaines attaques frontales quelquefois sans tirer un
coup de fusil.

Pendant les batailles d'octobre 1904 sur le Cha-Ho,
nous assistons, le 11, à une attaque de front exécutée
par la 3ᵉ brigade d'infanterie japonaise (gauche de la
Iʳᵉ armée) contre six compagnies russes occupant la
colline du Temple.

Partie vers 3 h. 45 du soir de la ligne Pauliasan-
tsen - Chouaulountsen et soutenue par de l'artillerie,
l'attaque traversa une plaine nue pendant plus de
2 kilomètres, sous le feu de mousqueterie des Russes.
A 5 heures, toute la brigade occupait la colline que
l'adversaire avait abandonnée. Les tirailleurs japonais
n'avaient pour ainsi dire pas tiré ; ils s'arrêtaient
seulement pour reprendre haleine.

Mais, comme à Spion-Kop, c'est à coups d'hommes
que les Japonais arrivèrent à un pareil résultat.

L'attaque coûta 900 hommes à cette brigade.

Le fait suivant est encore plus suggestif :

M. Réginald Kahn (1) décrit l'assaut d'une position
russe par une division de l'armée du général Oku, qui
attaque victorieusement le centre de la première ligne
de défense russe, pendant les journées de Liao-Yang.

______

(1) Dans son *Journal d'un correspondant de guerre en Extrême-
Orient*.

L'auteur du récit, placé sur un piton dominant à environ 800 mètres sur le flanc des Japonais, a été le témoin oculaire de cette lutte. Mille mètres environ séparaient les adversaires. « La bataille est gagnée, dit-il, l'assaut avait duré exactement une heure dix minutes... Toute l'attaque s'était exécutée sans faire usage du feu ; à la lettre, aucun coup de fusil (1) n'avait été tiré par les fantassins japonais... Ce procédé d'attaque sans tirer est complètement nouveau et se trouve en contradiction absolue avec toutes les théories émises jusqu'à ce jour. »

Il va sans dire que les Russes, dans ces deux cas, n'avaient pas tenté une seule contre-attaque. Favorisées par la passivité de ces derniers et dirigées, puisqu'il faut l'avouer, contre des troupes peu instruites de toutes façons, ces attaques frontales, exécutées sans préparation par le feu, ont réussi.

De là à dire que, tentées avec les mêmes procédés et dans d'autres conditions plus logiques et plus normales, elles auraient le même sort, il y a loin.

Nous savons qu'elles furent exceptionnelles, et si nous avons tenu à les citer, c'est pour montrer avec plus de poids quelles forces morales poussées à l'infini il y aura lieu de déployer dans certains cas.

La *furia francese*, qui a fait la gloire de nos pères, ne saurait-elle pas, le cas échéant, la procurer de nouveau à leurs descendants ?

Voilà pourquoi notre Règlement déclare à l'article 242 : « Les forces morales constituent les facteurs les plus puissants du succès, en vivifiant l'emploi des moyens matériels », et plus loin, à l'article 245, car il faut « marcher coûte que coûte à l'ennemi et le chasser de sa position ».

---

(1) L'artillerie japonaise, d'après M. Kahn, cessa le feu quand la première ligne fut à 500 mètres des Russes.

Règlement allemand. — « La guerre exige le développement de toutes les énergies. » (Art. 2.)

L'offensive « nécessite chez la troupe une grande valeur morale » que crée et développe « l'éducation du temps de paix ». (Art. 265.)

« On doit habituer l'homme à faire peu de cas de sa propre existence, l'entraîner à l'audace. » (Art. 268.)

Règlement japonais. — « Il faut que les soldats aient une volonté de fer, du courage, un caractère bien trempé... Ils doivent supporter vaillamment les scènes navrantes qui accompagnent le combat d'infanterie. » (Art. 229.)

« Il faut la ferme volonté d'aborder l'ennemi pour le terrasser à la baïonnette. » (Art. 245.)

§ 3. — *Utilisation intense du terrain.*

Enfin nous avons dit que pour progresser en avant il faudrait utiliser le terrain d'une façon intense et employer des formations d'infanterie souples, fluides et moulées au terrain.

C'est une des grandes caractéristiques de la tactique moderne de l'infanterie basée sur la puissance actuelle des effets des feux.

Cette nécessité d'un tel emploi du terrain, il est bien permis de l'affirmer sans trop d'optimisme, s'adapte à merveille à notre caractère et à notre tempérament tout d'initiative, d'indépendance et d'entrain.

Certains soldats réclament la présence continuelle du chef, sans lequel ils ne peuvent rien ou presque rien.

Le nôtre, au contraire, d'instinct préfère s'en passer et cette satisfaction peut lui être accordée, du moins momentanément ; loin d'en souffrir, l'action y gagnera, si le dressage du temps de paix a été bon.

Cependant, très impressionnable et en même temps toujours prêt à se laisser influencer par l'exemple, notre fantassin a un besoin intense, dans les moments critiques, de ne pas se sentir isolé, de combattre en groupe. Par suite, tout en adoptant les formations les moins denses, voire même la progression homme par homme dans les marches d'approche, si les circonstances l'exigent, il sera judicieux, dès que le feu est ouvert, d'exécuter les bonds par petits groupes de 4 ou 5 hommes.

On les rassemblera fréquemment à peine quelques minutes, le temps de se ressaisir un peu et d'entendre plaisanter le camarade le plus audacieux.

Nous avons tous eu l'occasion de constater, à la fin d'une étape fatigante, l'effet d'un bon mot sur le moral d'un homme épuisé par la fatigue et prêt à rester en arrière. Il est permis de supposer, sinon d'affirmer, qu'au combat la même cause produira un effet analogue et poussera en avant celui qui, victime de l'influence néfaste de la peur, sera sur le point, pour ce motif ou pour tout autre, d'abandonner ses camarades.

Pratiqué dans ce sens, et c'est bien ainsi qu'il l'est communément, le cheminement offensif devra atteindre le résultat maximum.

Il s'ensuit tout naturellement que la conduite de notre soldat, dès que le feu sera ouvert, exigera de la part de l'officier, de la part du chef de section, peu d'ordres, peu de commandements proprement dits, mais bien plus des indications et, par-dessus tout, l'exemple.

Les Japonais ont excellé dans cet art d'utiliser le terrain, sans supprimer de ce fait la vigueur des attaques, sans éparpillement à outrance comme celui des Boers.

Les prescriptions de notre Règlement de 1904 correspondent pleinement à leur façon de procéder en Mandchourie. L'article 186 dit, en effet, que « le chef de section reconnaît ou fait reconnaître préalablement les cheminements défilés et les utilise pour dérober sa marche ; il évite les terrains découverts ou les fait traverser aux allures vives ».

L'article 188 explique que les groupes gagnent l'emplacement indiqué par le chef « dans la formation qui leur permet le mieux de se dissimuler », et aussi : « L'unique préoccupation des chefs, dans les dispositions qu'ils adoptent, est d'utiliser tous les cheminements pour assurer la continuité du mouvement en avant et diminuer les pertes. »

Règlement allemand. — Il faut enseigner au soldat « à se faufiler dans le terrain. Même dans un terrain découvert, il doit pouvoir s'avancer adroitement en se faisant voir aussi peu que possible, en utilisant les plus petites dénivellations du sol et les couverts, en se courbant ou en rampant. » (Art. 156.)

L'article 306 dit : « Il est nécessaire de plier aux exigences du terrain les mouvements qui se font sous le feu de l'ennemi, mais sans toutefois paralyser le mouvement en avant, sans contraindre à l'arrêt certaines unités et sans provoquer en fin de compte l'échec de l'attaque. »

Règlement japonais. — « Le chef a constamment soin d'utiliser le terrain et de diriger en conséquence les mouvements de ses troupes sous le feu de l'ennemi. Toutefois, il ne lui est pas permis, pour satisfaire à cette exigence, de ralentir la marche en avant ou d'affaiblir l'intensité du combat, ou enfin de sortir des limites qui lui ont été fixées. » (Art. 224.)

Nous verrons plus loin qu'à toutes ces conditions,

imposées de nos jours par la difficulté des attaques, vient s'ajouter l'usage de la fortification rapide.

Article III.

Facilité de l'action enveloppante. — Attaque de flanc.

Ce procédé de combat et son principe ne sont pas nouveaux.

Mais, en l'espèce, l'augmentation de la portée du fusil et sa précision plus grande permettant d'obtenir de plus loin qu'autrefois une action efficace par le feu, favorisent l'enveloppement d'un saillant de la défense. Le tir « invisible » se prête, en outre, à la surprise de flanc. Il en résulte une possibilité plus grande d'arriver aujourd'hui à couvert sur un flanc de l'adversaire et de l'attaquer brusquement dans cette situation.

L'effet désastreux produit sur le moral du défenseur par les feux d'enfilade est d'autant plus facile à obtenir qu'il ne sait exactement d'où partent les coups. Au surplus, le trouble qu'il éprouve irrésistiblement et souvent le désordre qui en est la conséquence fournissent des indications utiles en même temps que *des objectifs précieux* pour les tirailleurs de l'attaque de front. C'est inévitable.

En Mandchourie, des attaques de ce genre ont été fréquentes et, bien que les Japonais n'aient pas eu toujours besoin de combiner l'attaque de flanc avec l'attaque frontale pour venir à bout des Russes, ils s'en sont très souvent servis à leur avantage (combat de Yantaï, 1-2 septembre 1904).

A Liao-Yang, la gauche du général Oku a cherché à déborder la droite russe et Kuroki, la gauche.

Dans les batailles du Cha-Ho et de Moukden, nous retrouvons l'application des mêmes principes.

D'ailleurs, l'utilisation des feux de flanc dans cette campagne apparaît bien de part et d'autre. Le général Silvestre signale l'importance des feux de flanc qui « provoquent généralement un grand trouble dans le secteur battu ».

Aussi bien, notre Règlement de manœuvres donne à l'emploi de ces procédés la sanction de son autorité en prescrivant de « saisir toutes les occasions d'exécuter des feux d'enfilade qui agissent puissamment sur le moral des troupes adverses ». (Art. 259.)

Règlement allemand. — « Des feux de flanc sont particulièrement efficaces à toutes les distances et sur tous les objectifs. » (Art. 198.)

« La combinaison de l'attaque de front avec l'enveloppement est le gage le plus sûr du succès. » (Art. 392.)

Règlement japonais. — « Si l'ennemi peut être enveloppé, il devient plus facile de rendre notre feu supérieur à celui de l'adversaire et de préparer ainsi l'issue favorable de l'attaque décisive. » (Art. 242.)

———

Article IV.

Importance considérable de la fortification rapide du champ de bataille.

On connaît l'importance prise par la fortification rapide dans les opérations autour de Plewna, pendant la guerre turco-russe de 1877-78, et les avantages qu'avait su retirer de son emploi Skobeleff, ce chef énergique que d'aucuns ne peuvent suspecter d'avoir aimé la défensive.

La raison d'être de cette innovation (1) est simple. Autrefois la force de résistance d'un retranchement dépendait de sa constitution même et des défenses accessoires qui l'entouraient ; aujourd'hui elle réside dans le feu de mousqueterie dont la puissance croissante depuis 1878 a pris les proportions que nous connaissons.

Aussi, dans le combat moderne, la fortification rapide joue-t-elle un rôle considérable.

Elle consiste à exécuter promptement et fréquemment des travaux destinés, dans l'offensive, à s'accrocher plus fortement au sol ou à se soustraire, particulièrement en terrain découvert, à une grande vulnérabilité, dans la défensive à renforcer une position.

Les Boers l'ont employée dans la guerre sud-africaine, mais nous savons dans quelles conditions.

En Mandchourie, la façon de l'utiliser a été bien différente de part et d'autre. Les Russes s'en sont servis presque exclusivement comme moyen défensif,

---

(1) Si toutefois c'est une innovation. Napoléon n'a-t-il pas employé la fortification de campagne pour organiser le Santon à Austerlitz ?

et les Japonais constamment et surtout efficacement dans l'offensive.

Il est presque puéril d'ajouter que ce sont les principes appliqués par les Japonais qui doivent avoir la préférence.

Suivant le colonel japonais Kiwimoura : « La fortification de campagne est un moyen de repos pendant la marche en avant ; sur la ligne de tirailleurs, un homme tire pendant que le voisin creuse ».

Il serait superflu de citer des exemples, car c'est journellement qu'il fut fait usage de la fortification passagère dans cette campagne.

On connaît l'empressement des Japonais à ramasser les pelles-bêches abandonnées par les Russes sur le champ de bataille.

Le fait qui suit est encore plus probant : il démontre à quel point le besoin de se terrer se faisait sentir :

A la bataille de Moukden (février-mars 1905), se voyant dans l'impossibilité de creuser la terre qui était gelée, les Japonais se constituèrent de toutes pièces des abris avec des sacs et des nattes qu'ils remplirent de terre sur la ligne de feu.

Ce fait ainsi que le précédent sont confirmés par nos attachés militaires.

Entrant catégoriquement dans cette voie, notre nouvelle « Instruction pratique sur les travaux de campagne » du 24 octobre 1906 préconise nettement l'emploi de la fortification rapide basé, comme le dit l'avant-propos, sur « la puissance de l'armement et les enseignements des guerres récentes ». Mais, tout en étant « un facteur direct de l'économie des forces », dit-elle à l'article I, « elle ne doit jamais entraver le mouvement en avant ».

Quant au Règlement de manœuvres de 1904, il ne la laissait pas de côté et, dans le combat offensif, à l'article 260, il prévoyait que « l'infanterie devait sup-

pléer à la force numérique par l'utilisation intelligente de la fortification ».

Les deux tirailleurs d'une même file, dénommés
« camarades de combat » à l'article 124, ne se prê-
tent-ils pas judicieusement à cette utilisation ?

Règlement allemand. — Le soldat « doit être con-
tinuellement exercé à se servir de la pelle-bêche et
apprendre à se creuser rapidement un abri ».
(Art. 157.)

« On doit enseigner de bonne heure l'usage des
travaux de campagne. » (Art. 261.)

Dans les points où « la fortification peut trouver
son emploi, une partie des tirailleurs protège le travail par son feu ». (Art. 339.)

Règlement japonais. — « On fait un fréquent usage
des outils de pionnier pour conserver et renforcer
le terrain déjà conquis. » (Art. 239.)

ARTICLE V.

Combats de nuit.

Enfin, une autre conséquence de l'évolution de
l'armement est la nécessité bien démontrée d'avoir
recours actuellement aux combats de nuit.

Déjà, au Transvaal, il en avait été fait usage.

En Mandchourie, ils ont pris une importance considérable, principalement depuis les batailles sur le
Cha-Ho (octobre 1904).

C'est le fait capital de cette guerre au point de vue
tactique, au dire du commandant Meunier.

Dans les deux partis, on en a fait un large emploi,
et de gros effectifs (brigade, division et même des
unités plus fortes) ont été engagés la nuit.

Notre Règlement de 1904 insiste assez longuement
sur ce genre de combat dans un passage qui débute

ainsi : « La puissance de l'armement qui permet d'interdire l'accès de certains terrains..... oblige fréquemment à faire des attaques de nuit. » (Art. 284.)

Règlement allemand. — « Il y a lieu de pratiquer également de nuit des exercices pour les grandes et les petites unités. » (Art. 260.)

Il est question des combats de nuit dans plusieurs articles du Règlement de 1906 (art. 298, 386, 390, 415 et 416).

L'importance qu'on leur donne est évidente.

Règlement japonais. — « Il est nécessaire d'exécuter fréquemment des exercices de nuit avec des corps de troupe d'effectifs différents, de manière à habituer tous les chefs aux diverses mesures préliminaires que comportent les opérations de cette nature. » (Art. 77.)

Telles sont les *conséquences* principales de l'évolution tactique parallèle à l'évolution de l'armement.

Il y aurait encore bien des enseignements particuliers à envisager, ne serait-ce que la facilité plus grande du décrochage de l'avant-garde et de la rupture du combat, toutes choses si difficiles autrefois et des plus périlleuses.

Que dire, encore, de « la faculté d'occuper des fronts étendus, notamment au début du combat (1) » ?

Nous savons que ces nombreuses modifications, apportées de nos jours aux procédés tactiques, reposent sur l'augmentation de la puissance des armes (2).

C'est ce que le commandant Meunier a exprimé en déclarant (3) que « la doctrine actuelle française

---

(1) Article 250 du règlement de 1904.
(2) Fusil et canon.
(3) Dans *Comparaison de la guerre napoléonienne et de la guerre moderne.* (Conférence faite à Fontainebleau en avril 1907.)

de la guerre moderne s'est surtout inspirée de la capacité de résistance que donnent les armes actuelles. L'idée générale de la manœuvre réside dans l'application du principe de l'économie des forces résultant de l'augmentation de la capacité de résistance des troupes. »

Constatons donc à notre louange et de l'avis même de nos adversaires que notre Règlement de manœuvres de 1904, que nous connaissions et appliquions déjà en partie, grâce au règlement provisoire, a été en tous points un véritable précurseur (1).

Il est vrai qu'en l'espèce, le plus grand précurseur est encore Napoléon, dont les principes ne peuvent manquer d'inspirer le monde militaire du xxᵉ siècle.

A Austerlitz, n'a-t-il pas appliqué en maître la théorie de l'économie des forces, en répartissant inégalement les siennes sur le front de la position ?

Mais n'ouvrons pas plus longtemps cette parenthèse et reconnaissons que les procédés de combat nouveaux imposés par l'évolution tactique moderne exigent, de la part du chef et du soldat, plus de connaissances, plus de savoir-faire et plus de moral que jamais.

---

(1) En ce sens qu'il a précédé dans la bonne voie les règlements similaires des armées étrangères.

CHAPITRE II

CONSÉQUENCES SUR L'INSTRUCTION ACTUELLE DU TIR DE L'INFANTERIE. — CONSIDÉRATIONS SUR L'IMPORTANCE DE CETTE INSTRUCTION ET SUR LES MOYENS A EMPLOYER POUR OBTENIR DU FEU, ÉLÉMENT DE PRÉPARATION DU COMBAT MODERNE, TOUT CE QU'ON EST EN DROIT D'EN ATTENDRE.

Si le feu de l'infanterie a, de nos jours, de telles conséquences, que doit être son emploi dans le combat ?

L'étude des campagnes récentes et les prescriptions des divers règlements en usage en France et à l'étranger ont fourni une solution à cette question, et nous savons à quoi nous en tenir sur l'importance de la supériorité du feu, qu'il s'agit d'acquérir à tout prix.

Elle *peut s'obtenir* en mettant en ligne plus de fusils que l'adversaire ; et encore faut-il être renseigné du moins approximativement sur leur nombre.

Ce procédé, qui exige la supériorité numérique en un point donné, ne sera pas toujours réalisable ; il est, par suite, imparfait.

Il y a donc lieu d'acquérir la supériorité du feu à égalité et même à infériorité du nombre des fusils. Il s'agit, en un mot, de racheter la quantité, qui peut faire défaut à un moment donné, par la qualité.

L'instruction du tireur doit, en conséquence, être l'objet de soins tout particuliers.

En outre, nous avons constaté, spécialement en Mandchourie, quelle influence matérielle et morale avaient sur des combattants souvent invisibles de part et d'autre les effets des feux, effets inconnus jusqu'alors. A une physionomie du combat nouvelle, il était nécessaire d'apporter des procédés d'instruction nouveaux. La fonction crée l'organe.

Nous envisagerons dans ce chapitre des considérations se rapportant à la nécessité et à l'importance de l'instruction du tireur ainsi qu'à l'habileté au tir comme puissant facteur moral.

Nous nous attacherons au soin particulier qu'on doit donner à l'enseignement individuel et à l'obligation d'exiger du soldat, dès le début, la correction consciencieuse de la visée.

Nous émettrons, en terminant, des idées relatives à la vitesse du tir, à l'automatisme et au tir dans la position couchée.

Article Premier.

Nécessité et importance d'une solide instruction du tireur.

Est-il besoin de prouver, sans recourir à l'autorité des règlements, par quelques témoignages émanant de personnalités autorisées ou par des leçons tirées des guerres modernes ou récentes la nécessité de donner à nos hommes cette solide instruction ?

Le 23 avril 1868, le lieutenant-colonel Stoffel, alors attaché militaire à Berlin, disait, dans ses *Rapports militaires*, où il déterminait la supériorité de l'armée prussienne sur l'armée française, que « les feux de l'infanterie prussienne étaient plus redoutables, grâce au tempérament particulier aux Allemands du Nord et aux soins extrêmes apportés à l'instruction du tir ».

Cependant, le chassepot dont venait d'être pourvue l'infanterie française avait une portée efficace de

1.600 mètres, tandis que celle du fusil Dreyse n'était que de 600 mètres. Mais l'instruction du tir en France n'était pas assez avancée à tous les degrés en 1870 pour qu'il fût possible de réaliser les sérieux avantages que comportait cette arme perfectionnée.

L'enseignement du soldat allemand, au contraire, réellement donné en vue de la guerre, compensait largement l'infériorité de son fusil.

Dans la guerre sud-africaine, il nous a été donné de constater quelle supériorité avaient sur le tir des Anglais les feux des Boers, grâce à l'habileté incomparable de ces derniers, véritables tireurs d'élite.

En Mandchourie, l'instruction incomplète des Russes a eu un effet déplorable sur leur tir exécuté la plupart du temps d'une façon désordonnée et sans discipline.

Le général Bronsart de Schellendorf, ancien ministre de la guerre en Allemagne, dans une brochure (1) parue en 1891, où il consacre un paragraphe spécial à la supériorité du feu, déclare que « cette supériorité peut être obtenue par la bonté de l'armement, une solide instruction dans le tir et une discipline de feu énergique : ce sont là des moyens essentiels ».

Au surplus, il n'est pas inutile de rapporter dans quels termes l'empereur Guillaume donne son approbation au projet de règlement sur le tir de l'infanterie du 2 novembre 1905 : « L'instruction du tir, qui tient une si grande place dans la préparation de mon infanterie à la guerre, continuera à être faite avec le plus grand soin. »

Nous savons quels soins minutieux apportent nos voisins de l'Est à cette partie de l'instruction militaire.

---

(1) Dans les *Considérations sur le combat d'infanterie.*

ARTICLE II.

**L'habileté dans le tir,
facteur moral d'une haute importance au combat.**

La guerre russo-japonaise nous a édifiés sur la puissance des forces morales dans le combat moderne.

Le Règlement du 31 août 1905 insiste dès les premières lignes sur ce fait que l'habileté au tir augmente la valeur morale du soldat en lui donnant « confiance en lui-même et en son arme. » (Art. 6.)

On ne peut nier qu'au combat un bon tireur pourra parfois se montrer inférieur à un camarade moins bon tireur que lui, mais aussi moins impressionnable. Cependant, il est permis de supposer qu'en règle générale, l'homme le plus adroit, le plus sûr de son tir, le plus confiant dans ses moyens gardera mieux la volonté d'atteindre l'ennemi.

Suivant le commandant Chastang, de l'Ecole normale de tir : « A égalité d'émotion, ses balles seront mieux dirigées que celles du mauvais tireur et il se ressaisira plus vite pour donner l'exemple autour de lui. »

Au reste, le bon tireur est, dans la majorité des cas, un homme bien équilibré, un homme ayant du coup d'œil et de l'amour-propre.

Assurément, il y a des exceptions, mais elles sont rares.

Cet homme a, par suite, une véritable valeur morale qui, au combat, lui permettra de prendre de l'ascendant sur ses camarades et, le cas échéant, de les diriger.

Le commandant Degot (1), dont la compétence en

---

(1) Dans *Le tir en temps de paix et en temps de guerre.*

matière de tir est connue, dit que « le soldat habile tireur est plus difficilement démoralisable ».

Le général de Négrier, dans la *Revue des Deux Mondes*, expose qu'au début d'une guerre le soldat impressionné ne visera pas ; mais « après quelques combats, dit-il, les hommes ayant un bon moral viseront ».

Ces derniers seront précisément, du moins pour la plupart, ceux qui auront acquis un certain degré d'adresse au tir.

Tous les règlements étrangers sont également d'accord pour établir que l'habileté du soldat comme tireur lui donne du moral.

Cette habileté dépend de deux facteurs : l'armement et le tireur. Aujourd'hui, les armements des puissances sont à peu de choses près équivalents. Par conséquent, le seul moyen de rompre l'équilibre en notre faveur est d'augmenter l'habileté de notre fantassin par une instruction des plus solides. Nous lui donnerons un enseignement individuel minutieux, qui le préparera dans les meilleures conditions à ce qu'il devra faire en groupe.

Ce sera la pierre fondamentale de tout l'édifice.

ARTICLE III.

Nécessité aujourd'hui plus que jamais d'une instruction individuelle minutieuse.

Le Règlement nous dit que cette instruction doit être individuelle parce qu'elle doit « tenir compte des aptitudes particulières à chaque soldat ».

Nous avons tous pu constater à cet égard les différences existant entre les recrues que nous avons la mission d'instruire.

En admettant que nous ayons la bonne fortune de recevoir chaque année des jeunes gens d'une moyenne satisfaisante au double point de vue physique et intellectuel, il n'en est pas moins vrai que nous avons toujours une proportion, quelquefois très faible, parfois aussi un peu plus forte, d'hommes maladroits et inintelligents qui, à la guerre, devront se servir de leur arme dans les mêmes conditions que leurs camarades plus favorisés de la nature.

Ils donneront à leurs instructeurs l'occasion de manifester les qualités de patience et de persévérance nécessaires à l'accomplissement de leur tâche.

D'ailleurs, l'individualisme du soldat a pris une importance capitale en raison des exigences des luttes modernes.

Celles de la guerre mandchourienne, en particulier, n'ont-elles pas démontré à quel point la direction de la troupe sur la ligne de feu était devenue difficile, pour ne pas dire souvent impossible !

En pareille occurrence, l'action des chefs de section, obligés de se terrer comme leurs hommes, ne peut s'exercer que dans un rayon très limité.

Par suite, la valeur individuelle du combattant à tous les points de vue devient un des principaux facteurs du succès.

Les Allemands, dans leur Règlement de manœuvres de 1906, expriment la même opinion : « Une instruction individuelle du tireur minutieuse, est-il dit à l'article 147, peut seule fournir une base sûre à l'emploi de la troupe au combat. »

Ainsi s'impose la nécessité d'étudier chacun de nos hommes au double point de vue physique et intellectuel, ainsi que l'obligation de les instruire individuellement pour obtenir de chacun d'eux le résultat maximum.

Le Règlement de 1905 laisse au commandant de compagnie une initiative complète pour la direction de cet enseignement. Il emploie les moyens qu'il juge utiles pour arriver à faire de ses hommes de véritables tireurs de guerre se servant de leur arme avec adresse, jugement, conscience, rapidité et enfin capables de tirer automatiquement.

Article IV.

Correction consciencieuse de la visée. — Tir ajusté.

Dès le début de l'instruction, notre devoir est d'inculquer à l'homme de recrue de bonnes habitudes de correction, et ce mot « correction » est, dans ce cas, inséparable du mot « conscience ».

L'action des officiers, de tous les gradés, doit être telle dans ce sens que l'homme se sente obligé de viser correctement et consciencieusement en toutes circonstances, même dans les moindres exercices de pointage.

Dans les tirs à distance réduite et, plus tard, dans les tirs d'instruction et d'application, il continuera instinctivement à pointer scrupuleusement.

Tout le monde sait que le mauvais tir (1) n'a que très rarement pour cause la paresse ou la mauvaise volonté du tireur, car l'homme apporte, en général, à cette branche du service un goût et un amour spéciaux.

Développons ces bonnes dispositions par tous les moyens en notre pouvoir ; ne tolérons pas les négligences, car si nous ne nous montrons pas très exigeants pour la correction de la visée en temps de paix, qu'arrivera-t-il à la guerre ?

L'opinion du prince de Hohenlohe sur cette ques-

______

(1) Nous entendons le tir individuel; il n'en est pas de même du tir en groupe.

tion est intéressante à connaître : « Il m'a été donné, dit-il (1), de constater à plusieurs reprises combien la discipline est ébranlée par le sentiment du danger. Des troupes qui ne sont qu'imparfaitement instruites et stylées ne visent plus ; on ne peut même pas dire qu'elles tirent, elles font simplement du bruit. Même avant que j'aie assisté à un engagement, des hommes qui avaient l'expérience des choses de la guerre m'avaient assuré qu'il fallait que l'infanterie fût arrivée à un certain degré d'instruction si l'on voulait exiger d'elle que, pour tirer, elle portât l'arme à la joue. A la bataille de Königgrätz, j'assistai, et de très près, à un de ces feux irréguliers où les hommes tiraient en l'air, les fusils ayant une position verticale. »

Par contre, dans le même ouvrage, le prince de Hohenlohe cite quelques exemples de tir ajusté produisant des effets meurtriers grâce à la discipline et à la conscience des combattants. C'était à la bataille de Sedan ; il fait allusion à deux compagnies Empereur-François ayant devant elles, en face de Givonne, des troupes de la division Grandchamp, au moment où le général de Wimpffen tentait sa trouée désespérée : « Toute la ligne de tirailleurs était étendue à plat ventre, le fusil en joue et épiant le moment de tirer. Seul, le capitaine de C... se promenait avec la même distinction que dans les salons de Berlin et longeait sa ligne de tirailleurs en recommandant à ses hommes de viser avec calme et de tirer lentement. Aussi, à chaque coup, un ennemi tombait. »

Plus loin, le même auteur fait allusion au tir ajusté de la brigade Gibon, du 6e corps, qui a fait subir des pertes si considérables (2) à la 4e brigade de la

---

(1) Dans les *Lettres sur l'infanterie*.
(2) Voir le détail de ces pertes page 23.

garde prussienne, à la première attaque de Saint-Privat.

C'est le tir des Boers dans la guerre sud-africaine, car « c'est un principe du général Cronje de faire tirer à mort et non à la volée, chaque coup devant jeter son homme par terre, ce qui produit très vite un intense saisissement moral (1). »

Nous sommes, du reste, fixés sur l'habileté qui a permis aux Burghers d'appliquer ces principes et, sans y mettre de malice, ajoutons que les Anglais en ont cruellement fait l'expérience à leurs dépens !

Tout en faisant la part de l'émotion et des nerfs, il est incontestable que la dispersion du tir d'une troupe, en temps de paix tout au moins, et l'appréciation de la distance étant exacte, est due en partie aux négligences des tireurs qui, ne se sentant plus responsables, visent avec peu ou point de conscience.

Combattons à tout prix ces négligences. Inculquons à notre soldat la volonté ferme d'abattre son ennemi. Ses camarades sont exposés autant que lui ; qu'il sache qu'il est responsable de son coup de fusil vis-à-vis d'eux. Il tirera bien et il atteindra son adversaire quand il le voudra : telle doit être sa conviction solidement établie.

En dehors de la question de discipline qui, en l'occurrence, est en jeu, il y a là, sans aucun doute, une question de conscience, comme nous le disions à l'instant, de volonté et de solidarité.

Les nécessités du combat moderne nous imposent l'obligation d'inculquer ces principes dès le début de l'instruction, surtout avec le service à court terme.

Pour compléter ce sujet, nous ajouterons que nos efforts doivent tendre, en outre, à soigner d'une façon

---

(1) C'est ainsi que s'exprime à ce sujet le colonel de Villebois-Mareuil dans son *Carnet de campagne.*

particulière l'enseignement des hommes qui manifestent des dispositions spéciales comme tireurs.

On ne peut oublier que les Japonais ont sans cesse désigné au combat, dans les moments d'accalmie, leurs tireurs d'élite pour faire le coup de feu sur les isolés.

Si le chef de section veut modérer l'intensité du feu, soit parce que les munitions se font rares, soit pour tout autre motif, il songera immédiatement à ne faire tirer que ses meilleurs tireurs.

Aussi voyons-nous, dans notre Règlement de manœuvres de 1904, que « le chef de section peut, dans certains cas, ne faire tirer que les meilleurs tireurs ». (Art. 200.)

Il serait fastidieux d'insister plus longtemps pour démontrer chez le tireur de guerre la nécessité et la possibilité du tir ajusté, ses conséquences sur la supériorité du feu, qu'il s'agit d'obtenir à tout prix et, par suite, sur l'issue des combats.

Toutes les opinions sont respectables ; mais, à ceux qui considèrent le tir ajusté dans le combat moderne comme un mythe, nous opposerons le témoignage du général Lombard, qui a toujours vu en Mandchourie le soldat japonais « viser avec attention », sauf aux distances rapprochées où, comme nous l'avons constaté, l'émotion de la lutte diminue l'efficacité du tir dans de notables proportions.

C'est la doctrine allemande exposée par le général-major von Lichtenstern (1) qui, dès le commencement de son ouvrage, affirme que « le tir à la volée souvent préconisé est une erreur, aussi bien que le tir horizontal ».

En outre, notre Règlement de manœuvres prescrit

---

(1) Dans *L'Enseignement du tir et le feu de l'infanterie au combat* (le général a commandé une école de tir).

que « le tir doit toujours être ajusté, les tirailleurs ne devant jamais cesser de viser avec soin ». (Art. 125.)

ARTICLE V.

Vitesse du tir. — Sa nécessité démontrée dans la guerre russo-japonaise. — Le Règlement de tir de 1895 en parlait déjà ; celui de 1905 l'impose d'une façon absolue.

Mais il convient de dire bien haut que l'adresse considérée seule, abstraction faite du temps nécessaire pour obtenir les résultats, ne trouve plus son emploi dans le combat actuel, où les objectifs sont en général très fugitifs et où il faut profiter des courts instants que donnent les rares (1) occasions de tirer.

De deux troupes d'égale force, fournissant un tir également ajusté, l'avantage sera à celle qui tirera avec la plus grande rapidité, tant il est vrai que la vitesse du tir augmente l'effectif.

Du reste, au combat, l'instinct pousse certains hommes à tirer de cette façon. Le capitaine Soloviev (2) assure que « cette hâte est provoquée avant tout par un besoin irrésistible de s'étourdir et d'étouffer la conscience du danger par une recrudescence d'activité ». C'est un sentiment naturel chez le combattant qui veut atteindre son adversaire avant d'avoir risqué de recevoir lui-même un coup de feu.

Cependant, les Russes, dont l'instruction du tir était encore à faire, n'ont pas tiré avec la vitesse voulue. Nous en avons pour preuve l'instruction de Kouropatkine aux commandants de troupes de Mandchourie, en date du 9 janvier 1905 : « Au point de

---

(1) C'est précisément parce que les occasions sont « rares » et la plupart du temps « courtes » qu'on peut exiger la vitesse. Il va sans dire qu'on ne pourrait demander à l'homme et à l'arme de soutenir « longtemps de suite » le degré de vitesse préconisé.

(2) Dans *Impressions d'un chef de compagnie.*

L'évolution du feu.7

vue de notre feu d'infanterie, je suis d'avis que nous tirons plus lentement qu'il ne conviendrait. »

Quant aux Japonais, leur Règlement leur prescrivait de tirer lentement et ils ont tiré très vite. Par la rapidité avec laquelle il chargeait et tirait le soldat japonais méritait d'être appelé une « mitrailleuse ». Cette expression du capitaine Soloviev s'applique surtout au tir à petites distances.

Ce serait une erreur de croire que la vitesse du tir est une question toute nouvelle. Frédéric II, en 1763, donnant des instructions à ses colonels de cavalerie, leur prescrivait de faire charger les armes très vite pour tirer rapidement. Ses grenadiers, qui pratiquaient le chargement de l'arme par la bouche, tiraient six coups à la minute et encore le septième était-il chargé (1).

En France, l'Instruction du tir de 1895 prescrivait déjà de faire au tir réduit des tirs de vitesse et d'exécuter des tirs d'application et des feux collectifs à durée limitée.

Le Règlement de 1905 insiste bien davantage sur cette idée, car il impose l'obligation de faire des tirs d'instruction, presque tous les tirs d'application, ainsi que les tirs d'examen à durée limitée.

Se conformant à cette tendance, les sociétés civiles de tir, dans leurs concours régionaux, s'occupent beaucoup maintenant du facteur vitesse.

Ce qui justifie pleinement de nos jours cette vitesse du tir, ce sont les conditions nouvelles du combat, où l'adversaire est la plupart du temps invisible. De ce fait, on pourra, dans certaines circonstances, se trouver dans la nécessité de couvrir d'une pluie de balles une surface donnée où l'on soupçonne la présence de l'ennemi.

---

(1) Fait confirmé dans l'*Histoire de la tactique*, du commandant Veynante, qui dit 5 à 6 coups à la minute.

En outre, la vitesse du tir seule se prête au feu « efficace, intense » qui doit « ouvrir la voie au mouvement en avant (1) » et, « pour obtenir des effets puissants qui impressionnent l'adversaire, il faut donner au feu, dès qu'il est ouvert, toute l'intensité possible. L'intensité du feu dépend de sa vitesse ». (Règlement de manœuvres, art. 194.)

L'article suivant du Règlement de manœuvres débute par ces mots : « Le feu s'exécute le plus généralement par rafales courtes, subites et violentes. »

Pour arriver au résultat que l'on se propose d'atteindre, la rapidité doit être obtenue par la promptitude du chargement et, sans sacrifier la visée, il faut en réduire la durée au minimum nécessaire, mais suffisant (2).

Tel est le sens du perfectionnement de l'enseignement que le Règlement de 1905 résume en ces quelques mots : « Association judicieuse de la vitesse et de la justesse. » (Art. 30.)

Ces principes de vitesse sont préconisés également en Italie.

Quant à l'Allemagne, elle s'était bornée jusque-là, dans ses diverses instructions, celle de 1887 et celle de 1893 notamment, à exiger un tir lent et particulièrement ajusté. Il était bien question de « charge rapide », d' « installation rapide et sûre de la hausse », de « mise en joue prompte et régulière », mais c'était tout.

Cependant, en 1891, le général von Scherff, le principal représentant de la vieille école, de l'école

---

(1) Article 241 du Règlement de manœuvres de 1904, reproduction de l'article 134 du service en campagne.

(2) L'homme doit arriver à tirer à la minute 8 ou 9 cartouches dans le feu à volonté et 11 ou 12 dans le feu à répétition.

dite « des Formalistes », émettait l'idée (1) que la rapidité du tir était un des éléments de la supériorité du feu.

Aujourd'hui, l'Allemagne a suivi un peu notre exemple et, dans son Projet de règlement sur le tir de l'infanterie du 2 novembre 1905 (2), nous trouvons quelques tirs principaux à durée limitée.

Dans son Règlement de manœuvres de 1906, elle insiste à plusieurs reprises sur cette idée. A l'article 198, on lit : « L'effet du feu est d'autant plus considérable qu'il est obtenu en moins de temps et qu'il surprend davantage l'ennemi », et à l'article 207 : « Il arrivera fréquemment que la situation tactique, le but qu'on se propose, la conduite de l'adversaire exigeront une grande vitesse de tir pour obtenir un grand effet en un temps restreint et justifieront une grande consommation de munitions. »

Il va sans dire qu'on reproche à ce genre de tir d'exiger une grande consommation de munitions, consommation inconnue jusqu'alors. En l'espèce, prenons notre parti de considérer des consommations journalières de 200 cartouches par homme comme des minima. Ces chiffres ont été souvent dépassés dans la guerre russo-japonaise.

Bref, cette conception de la vitesse du tir, dont les puissances s'occupent et se préoccupent même aujourd'hui à juste titre, est appliquée avec plus ou moins d'empressement, suivant les tempéraments.

Et, en dépit des résistances et des craintes que l'augmentation de vitesse, cependant bien justifiée dans le combat moderne, a toujours fait naître, le progrès ne peut s'arrêter dans cette voie.

---

(1) Dans les *Etudes des règlements.*

(2) La présente étude était terminée avant l'apparition du nouveau règlement de tir de l'infanterie allemande, du 21 octobre 1909.

« La dernière étape logique, dit le commandant Châtillon (1), est la découverte du fusil à chargement automatique », qui permettra au soldat le tir à répétition sans désépauler, tout en économisant les forces humaines.

Cette arme est l'objet de nombreuses études, tant en France qu'à l'étranger. Son usage faciliterait singulièrement le tir couché, sur lequel nous reviendrons bientôt.

En terminant ces considérations sur la vitesse du tir, il est utile d'exprimer l'idée que cette notion bien comprise et judicieusement appliquée favorise singulièrement la prépondérance de la qualité sur le nombre, surtout si l'on se trouve en présence d'adversaires qui ne sont entrés que timidement dans cette voie.

Sans insister davantage sur ce point, aujourd'hui où nous ne pouvons lutter contre l'Allemagne avec des effectifs numériquement égaux, la croyance à la toute-puissance du nombre serait démoralisante et contraire à notre tempérament et à notre passé.

Enfin, ne perdons pas de vue que tirer vite, sans cesser de viser consciencieusement, est un mieux qui devient facilement l'ennemi du bien, si on dépasse, dans cet ordre d'idées, la limite voulue.

ARTICLE VI.

Automatisme. — Son importance actuelle. — Nécessité de l'obtenir pour contrebalancer les effets démoralisants du combat moderne. — Moyens de l'obtenir.

Tout ce qui concerne la « vitesse » touche de très près à une autre conception également à l'ordre du

---

(1) Commandant de l'Ecole de tir du camp du Ruchard, dans « Fusil automatique » (*Revue d'Infanterie* de mai 1907).

jour, mais connue et étudiée (nous ne voulons pas dire appliquée) déjà depuis longtemps.

Nous avons nommé l'automatisme.

Le prince de Hohenlohe, dans l'ouvrage déjà cité plus haut (1), traite cette question d'une façon très originale : « Quel chasseur, dans son ardeur cynégétique, n'aurait déjà pas commis telle ou telle bévue en chargeant d'oublier, par exemple, de monter le chien ou d'ôter la pièce de sûreté, ce qui l'empêcha de descendre son lièvre ? Ce n'est qu'après avoir acquis une habitude telle qu'il fait toutes ces manipulations mécaniquement, instinctivement, sans y penser, alors seulement il peut être sûr qu'il ne lui arrivera plus de commettre de ces bévues-là. Il en est de même du fantassin. Il faut qu'il fasse mécaniquement, d'instinct, tout ce qu'exige le maniement de son arme, au milieu même de la surexcitation la plus grande du combat, dans la chaleur de la lutte, quand sa vie est en danger. »

Notons que les *Lettres sur l'infanterie* datent déjà de 1884.

Le général Cardot préconise lui aussi l'automatisme. A son avis, il est utile dans la marche, la mise en joue et la visée d'agir inconsciemment.

Le général Bonnal partage les mêmes sentiments et les exprime dans ses *Méthodes de commandement.*

Le commandant Dégot (2) dit qu' « au combat, le soldat sera impressionné à l'excès ; mais ses bras agiront automatiquement et il restera un adversaire redoutable ».

Quel est donc dans la lutte l'état d'âme du combattant ?

Rappelons-nous cette boutade du prince de

---

(1) *Lettres sur l'infanterie.*
(2) Dans *Le Tir en paix et en guerre.*

Ligne (1) : « Avant de commencer le combat, la moitié des troupes meurt de peur et la moitié qui reste n'a pas l'air rassurée. »

Au surplus, les nombreux récits relatifs aux guerres récentes nous ont donné des indications précises de nature à nous éclairer sur la physionomie réelle de la bataille moderne et sur l'état psychologique du combattant en particulier.

Aussi, un trouble profond s'empare-t-il de tout l'être du combattant, trouble qui se manifeste sous la forme affaissement ou sous la forme agitation.

Cet être émotionné, le général Daudignac (2) nous indique ce qu'il devient comme tireur : « Sous l'influence de la peur, dit-il, sa pupille se dilatant, il ne voit plus l'image de la hausse ou il ne la voit que confusément ; il vise avec le guidon, voire même avec le bout du canon, il ne peut s'en rendre compte ; en résumé, il ne se sert pas de la hausse, vise avec l'extrémité de son arme et même agit sur la détente avant d'avoir visé. Si l'émotion devient intense, sous l'action de l'instinct de conservation dont il devient esclave, il tire n'importe où et même sans épauler... ses balles vont dans le bleu ou à quelques pas de lui. »

Cette peinture du tir de guerre, à coup sûr saisissante, voire même exagérée de l'aveu de l'auteur lui-même, en montre bien les caractères, mais est loin de nous surprendre.

Le colonel Ardant du Picq, dans ses *Etudes sur le combat*, s'exprime ainsi, concernant la conduite du tireur à la guerre : « Son émotion ne lui permet jamais de viser, d'ajuster autrement que par à peu près, quand elle ne le fait pas tirer en l'air. Le tireur

---

(1) Dans les *Préjugés militaires*.
(2) Dans les *Réalités du combat*.

qui a conservé un peu de sang-froid a bien la volonté d'ajuster son coup, mais l'agitation du sang, du système nerveux, s'oppose à l'immobilité de l'arme entre ses mains ; l'arme fût-elle appuyée, une partie de l'arme participe toujours à l'agitation de l'homme. »

Mais arrêtons là les citations (1) que nous pourrions, toujours sur le même sujet, multiplier à l'infini. Toutes émaneraient de chefs ayant fait la guerre et nous expliqueraient au même titre ces résultats de 1, rarement 2 p. 100 obtenus au combat, là où en temps de paix les tireurs les moins exercés, des territoriaux par exemple, n'ayant pas touché un fusil depuis des années, obtiennent encore 20 p. 100.

Et le général Daudignac, qui a si magistralement décrit la peur et ses effets sur le tireur, en indique aussitôt après le remède indispensable : « Si l'instruction pratique qu'il a reçue a été poussée jusqu'à l'automatisme, l'émotion pourra devenir chez lui intense ; sa pupille, agrandie, pourra ne plus lui permettre de bien voir la hausse ; il pourra être incapable de raisonner ses actes, il précipitera ses coups, il tirera peut-être sans mesure ; mais ses bras, guidés par l'habitude, continueront quand même à agir avec la régularité du temps de paix ; son arme se placera d'elle-même dans la direction de l'ennemi, l'extrémité du canon ne se relèvera pas ; inconsciemment, il épaule, vise et tire ; il restera encore un tireur redoutable. »

La même idée est exprimée par le général Silvestre dans le rapport qu'il a établi à la suite de la campagne de Mandchourie. Voici ce qu'il dit à ce sujet : « Pour être certain de l'efficacité du feu de l'infan-

---

(1) On en trouverait d'analogues dans les œuvres des généraux Trochu, Libermann, etc.

terie, il faut que le fantassin soit amené par une gymnastique incessante et journalière à placer au moins dans toutes les positions et toutes les circonstances son arme horizontale..... Il faut qu'invariablement, inconsciemment il ne puisse presser la détente qu'au moment où son arme est dans la direction du but. La visée doit être machinale, n'exiger ni attention ni réflexion ; ne tirer qu'à l'instant où le fusil est correctement placé doit devenir pour le tireur une seconde nature. A cette condition seule, il sera affranchi dans certaines limites des émotions et des fatigues du combat. »

Mais, pratiquement, comment obtenir le résultat voulu ?

Le Règlement sur le tir nous en donne les moyens à l'article 20 : « Par des exercices quotidiens et répétés, exécutés principalement avec la hausse de combat, le soldat doit arriver à mettre en joue, à viser et à tirer d'une manière, pour ainsi dire, automatique. »

C'est pourquoi nous ferons exécuter tous les jours, et même à chaque prise d'armes, c'est-à-dire deux fois par jour en moyenne, pendant quelques minutes seulement, les mouvements de la charge, des mises en joue rapides et la visée. Progressivement, nous augmenterons la vitesse de ces divers mouvements jusqu'à ce qu'elle atteigne la limite voulue et, finalement, avec de la persévérance, nous obtiendrons la manœuvre inconsciente.

Nous aurons fortifié chez l'homme ses « réflexes d'obéissance » et le but devra être atteint.

La plupart des règlements de tir étrangers abondent dans le même sens et recommandent des exercices fréquents pour arriver à l'automatisme qui, ne nous y trompons pas, ne supprime pas l'intelligence.

Celle-ci n'étant pas absorbée par un mouvement qui sera devenu machinal, pourra se diriger d'un autre côté.

Quant à la fatigue de l'homme, elle sera diminuée ; c'est bien là le résultat de tout entraînement, en général.

ARTICLE VII.

Nécessité du tir couché en terrain découvert. — Obligation d'employer très fréquemment cette position dans l'instruction.

Une dernière exigence de la puissance du feu dans le combat actuel réside dans la nécessité de tirer habituellement dans la position couchée.

Les rapports de nos attachés militaires, à la suite de la campagne mandchourienne, attestent que ce fut dans les deux armées la position normalement employée en terrain découvert. Et pourtant, chez les Russes, ce principe était contraire aux enseignements de Dragomiroff, qui préconisait le tir debout.

Au Transvaal, les officiers anglais avaient été cruellement punis de leur bravoure inutile qui, au début de la guerre, leur dictait de rester debout. Ils ne tardèrent pas à se coucher comme leurs hommes.

Avec le général Bonnal (1), rappelons que « la nécessité pour l'infanterie de prendre la position couchée s'était déjà imposée en 1870-1871 ».

Il est de toute évidence que le port du sac dans cette position est une véritable gêne ; aussi bien cette question importante a été et est encore à l'étude.

En outre, la vitesse du tir n'est pas favorisée par cette nouvelle nécessité ; il semble même paradoxal de demander au soldat de tirer vite et en même temps

---

(1) Dans *Récente guerre sud-africaine et ses enseignements.*

dans la position couchée, quand il brûle, en moyenne, deux cartouches de moins à la minute dans cette position que dans les autres.

L'unique moyen de concilier ces deux exigences est d'exercer sans cesse, voire même journellement, nos hommes à tirer couchés et, comme le dit le général Silvestre : « Il n'est pas moins utile d'exécuter la plus grande partie des tirs dans la position couchée et, dans ce but, il est nécessaire d'aménager les stands pour que le tir soit exécuté dans la seule position où il aura lieu à la guerre. »

Notre Règlement de tir de 1905 n'envisage pas cette question d'une façon spéciale, mais seulement d'une façon générale en ces termes : « Une pratique répétée et continue de la mise en joue dans les diverses positions peut seule donner l'aisance qui convient aux tireurs. » (Art. 15.)

Il n'en est pas de même du Règlement de manœuvres allemand, ainsi conçu à l'article 153 : « Dans un terrain qui n'offre pas de couverts, le tireur ne peut rester longtemps exposé au feu de l'adversaire qu'en prenant la position couchée. Il en résulte qu'on doit spécialement développer l'habileté de l'homme à reconnaître et observer les objectifs dans cette position. »

Enfin, il apparaît bien que l'adoption du fusil automatique favoriserait singulièrement le tir couché en même temps que la vitesse du tir, à l'avantage de l'assaillant.

Quant à l'adhérence au sol, incontestablement plus accentuée dans cette position que dans les autres, elle devra, sans parler de la nécessité d'une intervention plus énergique du chef, trouver dans la valeur morale du soldat et dans sa ferme volonté d'avancer, coûte que coûte, la compensation qu'elle exige.

CONCLUSION

En somme, c'est à une véritable évolution, évolution considérable qu'a été soumis, comme toute autre chose, le feu de l'infanterie depuis sa naissance.

Pendant cette longue période, qui s'étend depuis l'invention de l'arme à feu portative jusqu'à la guerre de 1866, il est délaissé, du moins en France. Son importance augmente bien un peu pendant les guerres de l'Empire, mais dans des proportions restreintes.

Bref, le soldat est toujours « considéré comme une baïonnette » qui est l'arme du choc, l'arme par excellence. C'est ce que nous appellerons la première phase.

Puis, tout d'un coup, surgit avec le dreyse prussien le premier fusil se chargeant par la culasse. La guerre de 1866 établit surabondamment la supériorité des armes à tir rapide sur celles précédemment employées. On assiste alors à un véritable engouement pour le feu auquel on veut donner immédiatement, surtout en France, avec le chassepot, une importance prépondérante.

Il n'en est pas moins vrai que, dès cette époque, il y a lieu de le considérer comme un facteur important du succès au combat. Inéluctable est l'obligation de compter désormais avec ses effets matériels et moraux.

C'est la seconde phase.

Enfin. la poudre sans fumée fait son apparition et donne naissance aux armes de petit calibre et à très grande portée. Quelques expéditions coloniales sans grande envergure nous permettent d'avoir une petite idée des résultats nouveaux du feu.

Puis, deux grandes guerres et surtout la plus récente nous édifient pleinement sur sa valeur nouvelle, sur la puissance croissante de ses effets matériels et sur l'importance considérable de ses effets moraux, à tel point qu'aujourd'hui, malgré les progrès techniques de l'artillerie, dit le capitaine Culmann (1), « il occupe le premier rang parmi les moyens d'écraser l'ennemi et constitue le procédé de préparation le plus puissant ».

C'est la dernière phase.

La conclusion suivante, logique et évidente, s'impose :

Les enseignements tirés des dernières guerres, les modifications apportées de nos jours dans les procédés tactiques et dans les méthodes d'instruction, les opinions émanant d'auteurs compétents et autorisés, enfin l'autorité de nos règlements et des règlements étrangers affirment hautement que le vieil aphorisme de Souvaroff, « la balle est folle, la baïonnette est sage, » a vécu depuis longtemps.

L'arme blanche, on ne peut le nier, aura encore sa large part comme agent de la victoire ; la guerre mandchourienne en fait foi.

Mais, incontestablement, l'importance actuelle du feu de l'infanterie est manifeste.

Loin de nous la pensée d'exagérer sa puissance et d'en faire l'élément prépondérant du combat.

L'exemple des Russes au commencement de ce siècle, le nôtre, il y a quarante ans, ne nous per-

---

(1) Dans le *Canon à tir rapide dans la bataille.*

mettent plus de semblables errements. Et, en dernière analyse, nous insistons avec force sur cette idée que si des progrès matériels ont leur contre-coup sur la tactique, ils ne sont pas capables à eux seuls de transformer entièrement les conditions toutes morales de la lutte et nous affirmons bien haut que la victoire résultera toujours d'une supériorité de volonté et de manœuvre.

Avec le général Lamiraux, concluons donc qu'aujourd'hui moins que jamais « le grand défaut dans lequel il ne faut pas tomber est de chercher à réduire le combat à la solution d'un problème de tir ; mais, pas davantage, il ne faut le réduire à un simple acte de vigueur et d'entrain ».

Ouvrages, revues et règlements consultés.

Général Langlois : *Enseignements de deux guerres récentes. — Conséquences tactiques des progrès de l'armement.*
Général Bonnal. : *Infanterie, méthodes de commandement. — La manœuvre de Saint-Privat. — La récente guerre sud-africaine et ses enseignements.*
Général Lamiraux : *Étude sur le fusil modèle 1886 et sur son rendement.*
Général Canonge : *Art et Histoire militaire.*
Général Daudignac : *Les Réalités du combat.*
Prince de Hohenlohe : *Lettres sur l'infanterie.*
Général Baratieri : *Mémoires d'Afrique.*
Napoléon Ier : *Correspondance militaire. — Maximes et Pensées.*
Colonel Ardant du Picq : *Études sur le combat.*
Colonel de Villebois-Mareuil : *Carnet de campagne.*
Lieutenant-colonel Cornara : *De l'armement moderne* (traduit de l'italien par le lieutenant Maurel).
Commandant Meunier : *La Guerre russo-japonaise. — Comparaison de la guerre napoléonienne et de la guerre moderne* (conférence faite à l'École de Fontainebleau en avril 1907).
Commandant Dégot : *Le Tir en temps de paix et en temps de guerre.*
Commandant de Grandmaison : *Dressage de l'infanterie en vue du combat offensif.*
Commandant Bonneau : *Guerre de 1877-1878* (cours de l'École de guerre).
Capitaine Niessel : *Enseignements tactiques découlant de la guerre russo-japonaise.*
Capitaine Soloviev : *Impressions d'un chef de compagnie.*
Lieutenant Daudeteau : *Armement de l'infanterie, 1896.*

Revues et règlements

Revue militaire des armées étrangères (janvier et février 1897; juillet 1904; décembre 1906).
Revue d'Infanterie (mai et novembre 1907).
Revue militaire générale (avril et novembre 1907).
Revue des Deux-Mondes (mars 1896, juin 1902).
Rousski Invalid : Comptes rendus sur la guerre russo-japonaise (traduits du russe).
Divers règlements français concernant l'infanterie.
Projet de Règlement sur le tir de l'infanterie allemande (2 novembre 1905) (traduction du lieutenant Rinckenbach).
Règlement d'exercices pour l'infanterie allemande du 29 mai 1906 (traduction du capitaine Meyer).
Projet de règlement de manœuvres de l'infanterie japonaise (nouveau) (traduction du commandant Painvin)

TABLE DES MATIÈRES

PREMIÈRE PARTIE

Evolution du feu de l'infanterie depuis l'apparition de la première arme à feu portative jusqu'à nos jours.

TITRE Ier

Depuis l'apparition de la première arme à feu portative jusqu'en 1866.

AVANT-PROPOS. 5

CHAPITRE PREMIER

DEPUIS L'APPARITION DE LA PREMIÈRE ARME A FEU PORTATIVE JUSQU'EN 1703.

I. — Armes de jet ayant précédé l'arme à feu portative : fronde, javelot, arc, invention de la poudre, bombarde, canon à main, couleuvrine à main, arquebuse à mèche. 7

II. — Armes à feu portatives. Apparition du fusil en 1630. — Fusil à pierre. — Mousquet. 8

CHAPITRE II

DE 1703 JUSQU'A LA RÉVOLUTION.

I. — Ordonnance de 1703 en France. — Fusil à pierre avec baïonnette à douille. — Extension du front de combat. — Mépris du feu en France au XVIIIe siècle. 9

II. — A la même époque, le feu principal mode d'action de l'infanterie prussienne avec Frédéric le Grand. 11

III. — Conclusions relatives à l'emploi du feu au XVIIIe siècle. — Conséquences tactiques en Prusse et en France. 12

CHAPITRE III

DE LA RÉVOLUTION JUSQU'EN 1866.

I. — Nouveaux fusils à pierre modèle 1777 et 1802. — Le feu pendant les guerres de l'Empire. — Formations tactiques découlant de son emploi 13

II. — Dernier fusil lisse modèle 1840-1853 en usage en France. — Le feu est négligé : Crimée, Italie, Mexique. — Premier fusil rayé, 1857 16

TITRE II

De 1866, date de l'apparition du fusil à tir rapide, jusqu'à l'apparition de la poudre sans fumée.

CHAPITRE PREMIER

APPARITION DU DREYSE PRUSSIEN, PREMIER FUSIL A TIR RAPIDE. — SA SUPÉRIORITÉ SUR LES ARMES SE CHARGEANT PAR LA BOUCHE PROUVÉE PENDANT LA GUERRE DE 1866 18

CHAPITRE II

GUERRE DE 1870-71.

I. — Armements en présence : Le chassepot et le dreyse. — Théories en sens contraire, concernant le feu, émises à l'apparition du chassepot 21

II. — Effets matériels du feu en 1870. — Pertes prussiennes dans différents combats 23

III. — Effet moral du feu accompagnant l'effet matériel 25

IV. — Conséquences tactiques des effets des feux 27

CHAPITRE III

RÉGLEMENTS FRANÇAIS ET ALLEMAND PARUS ENTRE LA GUERRE DE 1870 ET LA GUERRE DE 1877-78.

I. — Règlement français de 1875 28

II. — Règlement allemand de 1876 29

CHAPITRE IV

GUERRE TURCO-RUSSE DE 1877-1878.

I. — Considérations générales. — Armements en présence. — Effets du feu dans quelques batailles 30

II. — Rejet des idées erronées, résultant de la puissance du feu de l'infanterie, émises à la suite de la guerre .. 32

III. — Enseignements tactiques découlant de la puissance
    du feu. 33
IV. — Influence de la guerre sur l'avènement du fusil à répé-
    tition. — Le kropatseck donné à la marine fran-
    çaise en 1878. 34

TITRE III

De l'apparition de la poudre sans fumée (1884), jusqu'à nos jours.

CHAPITRE PREMIER

DE L'APPARITION DE LA POUDRE SANS FUMÉE JUSQU'A LA GUERRE SUD-AFRICAINE.

I. — Apparition de la poudre sans fumée due à M. Vieille.
    — Différentes poudres. — Le fusil Lebel (1886). — Sa
    valeur comparée à celle des armes analogues en
    service à l'étranger. — Balles D et S. 36
II. — Résultats du feu obtenus avec les armes nouvelles à
    la bataille d'Adoua en Erythrée (1er mars 1896). 39
III. — Règlements français et allemand parus entre 1884 et
    la guerre sud-africaine. 41
       § 1. Règlement français de 1884. — Instruction pour
       le combat de 1887. 41
       § 2. Règlement allemand de 1888. 41
       § 3. Modifications de 1889 au règlement de 1884. —
       Règlement de 1894. 42

CHAPITRE II

GUERRE SUD-AFRICAINE (1899-1900).

I. — Armement et armées en présence. 43
II. — Effets matériels et moraux des feux des Boers, tireurs
    d'élite. 44
III. — Dangereuses conclusions tactiques tirées du perfec-
    tionnement de l'armement et des effets des feux
    des Boers. 47
IV. — Conclusion à tirer de cette guerre concernant l'impor-
    tance de l'instruction du tir. 49
V. — L'influence de la guerre sud-africaine n'a pas été suffi-
    sante pour déterminer une transformation des règle-
    ments de manœuvres en France et en Allemagne. —
    Conclusions de la 33°, monographie du grand état-
    major allemand. — Note allemande du 6 mai 1902. —
    Règlement provisoire français. 50

CHAPITRE III

GUERRE RUSSO-JAPONAISE (1904-1905).

I. — Considérations générales. — Armements en présence. 52
II. — Emploi et conduite du feu de l'infanterie chez les Japonais et chez les Russes.
§ 1. Ouverture du feu............................ 54
§ 2. Supériorité du feu. — Appui du mouvement par le feu. — Zone efficace des feux.......... 57
§ 3. Divers genres de feu employés.............. 58
§ 4. Discipline du feu. — Réglage du tir......... 59
III. — Consommation des munitions......................... 60
IV. — Effets des feux.................................... 62
§ 1. Effets matériels : pertes.................... 62
§ 2. Effets moraux. — Physionomie de la lutte. — Diminution de l'efficacité du feu aux petites distances. 64
V. — Conclusion relative à la comparaison des effets matériels et moraux produits par les armes à feu portatives tirant une poudre à fumée et une poudre sans fumée. 68

DEUXIÈME PARTIE

TITRE UNIQUE

Enseignements et conséquences de l'évolution actuelle du feu de l'infanterie.

CHAPITRE PREMIER

ENSEIGNEMENTS ET CONSÉQUENCES TACTIQUES......... 69

I. — Difficulté croissante de la prise de contact. — Nécessité des détachements mixtes ou de couverture...... 70
II. — Difficulté des attaques, de l'attaque frontale, en particulier; leur possibilité en employant les moyens voulus. 72
§ 1. Supériorité du feu sur l'ennemi; appui du mouvement par le feu.................... 73
§ 2. Manifestation de puissantes forces morales... 74
§ 3. Utilisation intense du terrain............... 77
III. — Facilité de l'action enveloppante; attaque de flanc.... 80
IV. — Importance considérable de la fortification rapide du champ de bataille............................. 82
V. — Combats de nuit.................................... 84

CHAPITRE II

CONSÉQUENCES SUR L'INSTRUCTION ACTUELLE DU TIR DE L'INFANTERIE.
— CONSIDÉRATIONS SUR L'IMPORTANCE DE CETTE INSTRUCTION ET SUR
LES MOYENS A EMPLOYER POUR OBTENIR DU FEU, ÉLÉMENT DE PRÉ-
PARATION DU COMBAT MODERNE, TOUT CE QU'ON EST EN DROIT D'EN
ATTENDRE. 87

I. — Nécessité et importance d'une solide instruction du
tireur. 88
II. — L'habileté au tir, facteur moral d'une haute importance
au combat. 90
III. — Nécessité, aujourd'hui plus que jamais, d'une instruc-
tion individuelle minutieuse. 91
IV. — Correction consciencieuse de la visée. — Tir ajusté. . 93
V. — Vitesse du tir. — Sa nécessité démontrée dans la
guerre russo-japonaise. — Le règlement de tir de
1895 en parlait déjà; celui de 1905 l'impose d'une
façon absolue. 97
VI. — Automatisme. — Son importance actuelle. — Nécessité
de l'obtenir pour contrebalancer les effets démoralisants du combat moderne. — Moyens de l'obtenir. 101
VII. — Nécessité du tir couché en terrain découvert. — Obligation d'employer très fréquemment cette position
dans l'instruction. 106

Conclusion. 108

Sources consultées. 111

Table des matières. 113